SUTTON

Aufgrund der Verkehrsverhältnisse am Kuhtor wurde 1898 geplant, den Anfang der Linie Kuhtor–Broich zum Friedrich-Wilhelm-Platz zu verlegen. Die Strecke wurde vom Bahnhof über die Mercatorstraße und die Friedrich-Wilhelm-Straße zum Friedrich-Wilhelm-Platz erweitert und am 7. Oktober 1900 eröffnet. Hier sehen wir einen Wagen der Linie 3 um 1910 auf der Friedrich-Wilhelm-Straße in Höhe der Lessingstraße, der heutigen Lenzmannstraße.

Zeitzeugenbörse Duisburg e.V.

Auf Schienen unterwegs

# Die Duisburger Straßenbahn

SUTTON

Ein Uerdinger Stahlwagen der Linie 1 um 1925 auf der Königstraße vor dem Abzweig zum alten Hauptbahnhof. Links bestimmt noch das „Union-Hotel" das Straßenbild. Es sollte wenige Jahre später dem Neubau des Hauptbahnhofes weichen. Großstädtisches Treiben herrschte hier rund um den Verkehrsknotenpunkt der Stadt.

**Impressum**
Sutton Verlag GmbH
Hochheimer Straße 59
99094 Erfurt
www.suttonverlag.de


ISBN: 978-3-95400-361-7

Gestaltung: Sutton Verlag
Druck: Florjančič Tisk d.o.o. / Slowenien

# Inhaltsverzeichnis


Danksagung und Bildnachweis 6

Einleitung 7

Die Anfänge – von der Dampfbahn zur Elektrischen 9

Continentale, Kreis Ruhrorter und Meidericher Straßenbahn 33

Die Hamborner Straßenbahn 43

Die Düsseldorf-Duisburger Kleinbahn 51

Die Straßenbahn am westlichen Rheinufer 67

Zusammenschluss zur Duisburger Verkehrsgesellschaft 79

Stadtbahn Rhein-Ruhr – der Weg zur U-Bahn 105

Auch das ist Duisburger Straßenbahngeschichte 113

Duisburger Straßenbahnen auf fremden Gleisen 121

# Danksagung und Bildnachweis

Die historischen Aufnahmen und Postkarten in diesem Buch stammen von historischen und Heimatvereinen, aus den Sammlungen ehemaliger Mitarbeiter der Verkehrsbetriebe und von Heimatforschern der Duisburger Stadt- und Straßenbahngeschichte: Gunther Asshauer, Frank Bocek, Rainer Bongart, Uwe Bongert, Elsbeth Brockerhoff, Dieter Daniels, Karl Ergoi, Wolfgang Ksoll, Richard Luthardt, Harald Molder, Heinz Pischke, Hilmar Schmidt, Reinhold Stausberg und Thomas Taulien haben Fotos und Postkarten bereitgestellt oder ihr Wissen für die Erstellung der Bildtexte weitergegeben.

Ein besonderer Dank gilt der Duisburger Verkehrsgesellschaft und hier insbesondere Helmut Schoofs, der Hintergrundinformationen über die Geschichte der Gesellschaft zur Verfügung gestellt hat.

Bereits im Jahr der U-Bahn-Eröffnung 1992 standen uns Wolfgang Linke und Dr. Günter Erbe mit Rat und Tat zur Seite und machten uns das vorhandene Archivmaterial der DVG zugänglich.

Wir danken dem Tram-Club 177, und hier vor allem Günter Bauhaus und Michael Laskowski, die ebenfalls Fotomaterial aus ihrem Archiv bereitgestellt haben, sowie Jörg Wanski von der Vereinigung der DVG-Pensionäre für seine Unterstützung.

Ebenfalls haben uns die Historiker und Heimatforscher Hans Joachim Meyer und der leider verstorbene Franz Gerd Gehnen ihre umfangreichen Archive geöffnet.

Hilmar Becker: S. 104, 112o., 121–125; Frank Bocek: S. 45, 46, 48, 49, 50o., 89u., 90; Rainer Bongart: S. 64u.; Uwe Bongert: S. 88u., 113, 120o.; Elsbeth Brockerhoff: S. 56u.; Dieter Daniels: S. 56o.; Dr. Günter Erbe: S. 11o., 12, 27o., 40, 99–101, 116; Karl Ergoi: S. 30u., 70o., 83, 84u., 85, 86u., 94u., 97; Franz Gerd Gehnen: S. 68o., 71u., 74u.; Wolfgang Ksoll: S. 69; Wolfgang Linke: S. 9, 18, 32, 35, 36o., 52, 53o.,54o., 55u., 57u., 58, 59, 60, 102u., 105–109, 110o., 117u.; Harald Molder: S. 39u., 42o., 50u., 61o., 65, 66u., 77o., 87o., 98o., 120u.; Heinz Pischke: S. 4; Reinhold Stausberg: S. 2, 8, 10, 11u., 13, 14, 15, 16, 17, 19–26, 27u., 28, 29, 30o., 31, 33, 34, 36u., 37, 38, 39o., 41, 42u., 43–44, 47, 51, 53u., 54u., 55o., 57o., 61u., 62, 63, 64o., 66o., 67, 68u., 70u., 71o., 72, 73, 74o., 75, 76, 77u., 78–81, 82, 84o., 86o. 87u., 88o., 89o., 91–93, 94o., 95, 96, 98u., 102o., 103, 112u., 114, 115, 117o., 118, 119; Tram Club 177: S. 110u., 111

# Einleitung

Die nach 1992 geborene Generation kennt Duisburg nur noch als Stadt der U-Bahn. Am 11. Juli 1992 wurde der erste Tunnelabschnitt in Betrieb genommen. Nur zwei Straßenbahnlinien existieren heute noch im Stadtgebiet, in dem man immerhin noch viele Zeugnisse der Straßenbahnvergangenheit unserer Stadt finden kann. Verwitterte Hallen der alten Betriebshöfe stehen nach wie vor an Ort und Stelle oder an zahlreichen Gebäuden, in Straßen, in denen man es nicht vermuten würde, kann man noch die geschmackvollen Aufhängungen der Oberleitungen an den alten Linienwegen der Straßenbahnen sehen.

Nur zwei Straßenbahnlinien existieren heute noch im Stadtgebiet.

Dieses Buch behandelt den Zeitraum zwischen der Fahrt der ersten Pferdebahn 1881 und dem Beginn des U-Stadtbahn-Betriebes im Jahr 1992, es vermittelt erstmalig einen Überblick über alle ehemaligen Straßenbahnstrecken in Duisburg. Dabei verfolgt es sowohl die Entwicklung der Duisburger Straßenbahn als auch der ehemaligen Verkehrsgesellschaften, wie der Deutschen Lokal- und Straßenbahngesellschaft, die zur Allgemeinen Lokal- und Straßenbahngesellschaft, dann zur Allgemeinen Lokalbahn- und Kratwerke AG und zur Duisburger Straßenbahnen GmbH wurde. Darüber hinaus werden die Straßenbahngesellschaften in den früher noch selbstständigen Städten und Gemeinden betrachtet, die heute zur Stadt gehören. Dazu zählen die Hamborner Straßenbahn, die Kreis Ruhrorter Straßenbahn AG, die Continentale Eisenbahn Bau- und Betriebsgesellschaft und die Meidericher Straßenbahn. Auch der Düsseldorf-Duisburger Kleinbahn GmbH ist ein Kapitel gewidmet. Sie sicherte seit 1900 die Verbindung zur Nachbarstadt Düsseldorf und bediente ab 1912 auf einer Nebenstrecke nach Wanheim und später Hüttenheim die Industrie an der Rheinschiene. Seit 1941 firmierten all diese Gesellschaften als Duisburger Verkehrsgesellschaft AG unter einem Dach. Vorgestellt werden zudem die Linien der Straßenbahn Moers–Homberg GmbH in den früher noch selbstständigen Städten Homberg und Rheinhausen, den Dörfern wie Baerl, Atrop, Hochemmerich und Friemersheim sowie die durch Rumeln, Kaldenhausen und Trompet führende Straßenbahnlinie der Düsseldorfer Rheinbahn von Moers nach Düsseldorf.

Das Kapitel über die Stadtbahn Rhein-Ruhr beschreibt den Weg von der Straßenbahn zum U-Bahn-Betrieb in Duisburg. Die kleinen Ereignisse und Begebenheiten im Alltag der Straßenbahn und Fotos der Personen, die diese sicher durch das Stadtgebiet fuhren, finden wir hier ebenfalls. Den Abschluss bilden die Duisburger Straßenbahnwagen, die heute deutschland- und europaweit auf fremden Gleisen fahren.

Das Verwaltungsgebäude der DVG an der Hedwigstraße in Duissern am Anfang der 1950er-Jahre. Im Oktober 1985 zog die Gesellschaft zur Mülheimer Straße um, wo die DVG alle Verwaltungsabteilungen unter einem Dach im ehemaligen Gebäude der Hydraulik vereinte.

# Die Anfänge – von der Dampfbahn zur Elektrischen

Ende des 19. Jahrhunderts hatte man an der Mülheimer Straße auf Duisserner Gebiet ein Grundstück erworben, um dort ein Straßenbahndepot zu errichten. Neben einem Wagen- und einem Lokomotivschuppen entstand hier auch ein Stallgebäude. Diese Fotomontage von 1894 zeigt sowohl den Betriebshof als auch die ersten Mitarbeiter und die Dampfbahn. Das Haus links stand noch 1954.

Die Waggonfabrik P. Herbrand & Cie. in Köln-Ehrenfeld war 1866 gegründet worden. Im Jahr 1911 wurde auch der in der Fabrik hergestellte Wagen 129 ausgeliefert, den wir hier am Kaiserberg fertig zur Abfahrt auf der Linie 2 nach Hochfeld sehen.

Ende Juli 1882 nahm eine Dampfbahn ihren Betrieb auf. Sie hatte am Bahnhof der Rheinischen Eisenbahn ihren Anfang. Bis zur Gaststätte „Monning" an der Mülheimer Stadtgrenze verkehrten vier Lokomotiven mit zehn offenen und geschlossenen Wagen. Hier sehen wir jedoch einen Wagen mit Rollenstromabnehmer, denn seit dem 1. November 1897 war die Strecke Kuhtor–Monning und seit dem 24. Dezember 1897 die Strecke Monning–Broich elektrifiziert.

1927 wurden diese zweiachsigen Uerdinger Stahlwagen angeschafft. Hier sieht man Wagen Nummer 184 auf der Mülheimer Straße am Kaiserberg. Er ist noch mit einem Rollenstromabnehmer ausgestattet. Es war immer aufwendig, den Stromabnehmer für die Rückfahrt umzulegen. Später wurden diese durch Scherenstromabnehmer ersetzt.

Um 1910 blicken wir hier von der Ludgeristraße auf die Zufahrt zum ersten Straßenbahndepot an der Mülheimer Straße. Seit 1. Januar 1891 firmierte die Deutsche Lokal- und Straßenbahngesellschaft unter dem Namen „Allgemeine Lokal- und Straßenbahngesellschaft“, ihr Sitz war nach Berlin verlegt worden. Man hatte hier die Möglichkeit zur Erweiterung des Depots. Ein weiteres sollte am Grunewald in Wanheimerort entstehen.

Auf dieser eindrucksvollen Aufnahme, die um 1930 entstanden ist, erkennt man im Betriebshof an der Mülheimer Straße fein aufgereiht die zwischen 1925 und 1929 angeschafften, zweiachsigen Uerdinger Stahlwagen, welche die Nummern 156–175 und 178–202 erhalten hatten. Mehrere von ihnen wurden 1957/58 zu Gelenktriebwagen umgebaut.

Einen Motorwagen aus der Waggonfabrik P. Herbrand & Cie., der 1902 ausgeliefert wurde, sehen wir hier nach dem Umbau auf Scherenstromabnehmer. Er trägt die Aufschrift der Duisburger Straßenbahnen GmbH, die nach ersten Verhandlungen in den Jahren 1923/24 am 1. Januar 1925 offiziell gegründet wurde.

1882 waren die Pläne für den Bau des Zentralbahnhofs der nunmehr verstaatlichten Privateisenbahnen fertiggestellt. Dadurch fielen auch die niveaugleichen Bahnübergänge weg und die Durchlegung der Straßenbahn wurde möglich. Als der neue Bahnhof im Oktober 1886 seinen Betrieb aufnahm, wurde kurze Zeit später auch die von Ruhrort kommende Linie 1 bis zu diesem verlängert, wie die Postkarte von 1915 zeigt.

Ab Ende Juli 1898 war das gesamte Streckennetz der Straßenbahn auf elektrischen Betrieb umgestellt. 1905 entstand diese Aufnahme einer Straßenbahnansammlung auf der Königstraße am Hauptbahnhof. Die Linie 1 in der Mitte biegt zwischen den beiden Überführungen zum Vorplatz des alten Bahnhofs ab. Rechts hinter dem Verkaufspavillon mündet die Straße Am Buchenbaum ein.

Anscheinend war die Straßenbahn 1906 das einzige Verkehrsmittel auf der Königstraße. Links das Hotel „Deutscher Kaiser“, das spätere „Union-Hotel“. Der Standort des Fotografen befindet sich im heutigen Tunnel der Verknüpfungshalle zu den Bahnsteigen der Bundesbahn.

Der Wagen Nummer 110 der Linie 3 fährt hier in Richtung Werthauser Straße. Am 1. Dezember 1897 war die Linie eröffnet worden. Sie fuhr über Kuhtor, Sonnenwall, Musfeldstraße, Marientor, Charlottenstraße, Werthauser Straße zur Wörthstraße. Rund um den Bahnhof gab es zahllose Hotels, wie rechts den „Düsseldorfer Hof“, links das „Bahnhofshotel“ und das Hotel „Berliner Hof“.

Mit Inbetriebnahme des neuen Hauptbahnhofs erhielten die aus Düsseldorf kommende D-Bahn und die Linie 8 aus Hüttenheim am 23. März 1935 eine neue Endhaltestelle in Tieflage vor dem Bahnhof. Hier sieht man die Zufahrt zur Haltestelle und im Hintergrund den alten Güterbahnhof. Die Züge beider Linien wendeten anschließend in einer zweigleisigen Schleife.

Der erste Duisburger „Untergrund" unter der Bahnhofsplatte wirkt fast wie ein Berliner Untergrundbahnhof. „Hauptbahnhof, alles aussteigen!", hieß es fortan. Treppen führten zum Bahnhofseingang hinauf, endlich war die Zeit des Kofferschleppens über den endlosen Bürgersteig vor der Hauptpost und dem Bahnhof vorbei. Man gelangte trockenen Fußes in den Bahnhof.

1934 erreicht ein Wagen der Straßenbahnlinie 9 aus Meiderich den König-Heinrich-Platz, während der Gegenverkehr am Stadttheater vorbei durch die Neckarstraße fährt. In wenigen Jahren sollte ein Krieg beginnen, der der Stadt und auch der Straßenbahn großen Schaden zufügen würde.

Ein Harkort-Wagen der D-Bahn steht um 1939 an der Haltestelle Königstraße auf dem Weg zur Endstelle am Hauptbahnhof. Rechts sehen wir das Gatermannhaus mit dem hierhin verlegten Bismarck-Denkmal. Die Normaluhr an der Königstraße war ein beliebter Treffpunkt für Pärchen, die einen Stadtbummel unternehmen wollten.

1902 stand noch die Germania vor dem Gatermannhaus, in der Grünanlage zwischen Königstraße und Am Buchenbaum. Hier ist einer der ersten elektrisch betriebenen, zweiachsigen Triebwagen mit der Nummer 52 zu erkennen, den die Firma Herbrand 1897 geliefert hatte. Die Königstraße war damals von hohen Bäumen umsäumt. Links ging es in den Tonhallengarten.

Um 1925 sehen wir hier einen Wagen der Straßenbahnlinie 2 von der Haltestelle König-Heinrich-Platz in Richtung Kuhtor abfahren. Das gelang ungehindert, da die Linie auf einem eigenen Gleiskörper fuhr. Rechts ist das alte Gebäude der Stadtsparkasse zu sehen und links das Café „Kolkmann“ an der Ecke zur Claubergstraße.

Nach 1925 entstand dieses Foto der Straßenbahnlinie 3 auf der Königstraße. Der Wagen mit der Nummer 121 war im Jahr 1908 ausgeliefert worden. Er fuhr über den 1914 angelegten Abzweig von der Linie Werthauser Straße–Friedhof-Sternbuschweg über die Koloniestraße bis zur Steinbruchstraße.

Einen eindrucksvollen Blick vom Kuhtor in die Königstraße mit regem Straßenbahnverkehr gewährt dieses Foto aus dem Jahr 1927. Ansonsten sieht man nur Fußgänger auf der Straße. Einer der neuen Harkort-Wagen ist auf seinem Weg nach Düsseldorf gerade in die Düsseldorfer Straße abgebogen.

Der „eiserne“ Kanzler blickt auf dieser um 1930 entstandenen Aufnahme in die Düsseldorfer Straße, auf der ein aus Huckingen kommender Uerdinger Stahlwagen der Linie 9 in Richtung König-Heinrich-Platz abbiegt. 1908 waren die Gleise der Düsseldorf-Duisburger Kleinbahn hier mit denen der Allgemeinen Lokal- und Straßenbahngesellschaft verbunden worden.

Die Haltestelle Kuhtor mit dem markanten Wartehäuschen im Jahr 1938. Ein Uerdinger Stahlwagen ist als Einsatzwagen auf dem Weg in Richtung Hauptbahnhof. Das Bismarck-Denkmal ist noch nicht zum Buchenbaum verlegt worden.

Im Verwaltungsbericht von 1898/99 ist zu lesen: „Ein weiterer Übelstand bei dem jetzigen elektrischen Straßenbahnbetriebe besteht darin, daß am Kuhthor die Wagen von 4 verschiedenen Linien kreuzen. Es ist dies um so mehr zu beklagen, als an dieser Stelle ohnehin schon ein recht erheblicher Verkehr ist!" 1905 sehen wir die Ansammlung mehrerer Motorwagen der ersten Generation an diesem Knotenpunkt.

Durch den Knüppelmarkt fuhr ab dem 1. März 1898 die Straßenbahn zum Bahnhof Hochfeld und ab dem 27. April 1898 auch bis zur Haniel'schen Ruhrbrücke. Wir blicken hier um 1910 von der Gutenbergstraße/Poststraße zum Weinhausmarkt.

1905 quert ein Motorwagen TW 2 den Friedrich-Wilhelm-Platz vom oberen zum unteren Sonnenwall auf der am 1. Dezember 1897 eröffneten Strecke Kuhtor–Werthauser Straße. Der Blick verläuft über den Platz in Richtung Kasinostraße und Steinsche Gasse. Am linken Bildrand ist der Reichshof zu erkennen.

Ende August 1900 war die neue Strecke vom Friedrich-Wilhelm-Platz zum Hauptbahnhof eingeweiht worden. Noch einmal sehen wir hier einen Wagen der Linie 3 um 1907 auf der Friedrich-Wilhelm-Straße in Fahrtrichtung Hauptbahnhof. Links mündet die Vom-Rath-Straße ein. Der Fotograf blickte in Richtung Mercatorstraße.

Der Sonnenwall am AEG-Haus, um 1910. Die Straßenbahnlinie 2 fährt in Richtung Friedrich-Wilhelm-Platz. An der Ecke Leidenfroststraße steht noch nicht das heutige Bezirksamt Mitte. Die Allgemeine Lokal- und Straßenbahngesellschaft hatte im Jahr 1900 die Erlaubnis zur Legung eines zweiten Gleises in den Sonnenwall erhalten.

Durch die damals sehr schmale Poststraße fuhr um 1905 ebenfalls die Straßenbahnlinie 1 in Richtung Ruhrort. Rechts erkennt man den Eingang zur Alten Post. Ruhig ging es damals auf Duisburgs Straßen zu. Nur manchmal hörte man die Klingel des Straßenbahnfahrers, um Fußgänger oder ein Pferdefuhrwerk auf die Seite zu weisen.

Diese Postkarte zeigt noch einmal den Blick von der Gutenbergstraße auf die Ecke zum Knüppelmarkt, um 1920. Das Rathaus lugt mit dem alten Turmhelm über die Dächer und die Salvatorkirche hat noch ihre Spitze. Die Straßenbahnlinie 4 fuhr vom Kuhtor über die Oberstraße, den Weseler Platz (heute Duissernplatz) und den Schnabelhuck zum Meiderich-Bahnhof.

Ein Wagen der Linie 3 biegt hier um 1914 vom Kuhlenwall in die Gutenbergstraße ein. Die Diakonenanstalt bestimmte hier damals das Stadtbild und die Linie war von Besuchern des Krankenhauses stark frequentiert.

1928 blickte der Fotograf von der Beekstraße in die Münzstraße Richtung Schwanentor. Von Ruhrort und Kaßlerfeld kommend, näherte sich eine Straßenbahn. Die Linien 1 und 6 durchfuhren damals die schmale Münzstraße in Richtung Königstraße. Links sieht man noch das alte Kaufhaus „Cohen und Epstein".

1912 erkennen wir in der Beekstraße Wagen Nummer 106 von 1902 auf der Linie 3. Am 1. März 1898 war die Strecke zum Hochfeld-Bahnhof eröffnet worden. Die Beekstraße wurde wie die Friedrich-Wilhelm-Straße nur eingleisig befahren. Das Foto zeigt aber auch sehr schön die alten Gebäude und alteingesessene Firmen auf der damaligen Haupteinkaufsstraße der Stadt.

Aus der Musfeldstraße biegt hier um 1910 ein Wagen der Linie 2 vom Sonnenwall kommend auf dem Weg nach Hochfeld in die Beekstraße ein. Es war schon ein beeindruckendes Entree zur wichtigsten Einkaufsstraße Duisburgs. Rechts sieht man die Mauer der Marienkirche.

1912 überquert Linie 2 in Richtung Hochfeld-Bahnhof die Brücke über den Dickelsbach, besser bekannt als „Verlörkesbrücke", auf der 1445 ein Überfall des Kölner Erzbischofs im Rahmen der Soester Fehde abgewehrt worden war. 1897 fanden Verhandlungen statt, damit die Bahn über die vor der Brücke befindlichen Eisenbahngleise fahren durfte. 1898 wurde ein Kaufvertrag geschlossen.

Am 1. März 1898 war die Strecke vom Knüppelmarkt über Knüppelgasse, Beekstraße, Marientor, Heerstraße und Wanheimer Straße zum Bahnhof Hochfeld dem Betrieb übergeben worden. Hier sehen wir um 1915 einen Wagen der alten Straßenbahnlinie 2 auf seinem Weg zur „Monning". Der Wagen Nummer 122 wurde 1908 ausgeliefert. Sehr schön erkennt man das alte Stadtbad an der Heerstraße. Der Blick geht in Richtung Brückenplatz.

Die Endstation der Linie 2 am Bahnhof Hochfeld, um 1907. Bereits Mitte der 1870er-Jahre wurde der Bau einer Straßenbahn nach Hochfeld diskutiert, da man es für notwendig erachtete, den wachsenden Stadtteil an das Straßenbahnnetz anzubinden. Zahllose Werke waren entstanden, deren Arbeiter ihre Arbeitsplätze erreichen mussten. Zur Weiterführung bis zur Fischerstraße in Wanheimerort, über diese zur Düsseldorfer Straße und zurück zur Königstraße kam es nicht.

Um 1898 überquert Wagen 56 auf der Fahrt in Richtung Ruhrort die hölzerne Brücke am Schwanentor. Aufgrund zahlreicher Hindernisse wurde die Fahrt immer wieder unterbrochen. Neben der Klappbrücke gab es alleine 19 Niveaukreuzungen mit der Eisenbahn. Die neue Brücke wurde im Jahr 1904 ihrer Bestimmung übergeben.

Die Ruhrorter Straße in Kaßlerfeld, um 1914. Der Blick geht von der Kaßlerfelder Straße in Richtung Ruhrdeich. Der Straßenbahnwagen der Linie 1 ist vom Friedrichsplatz in Ruhrort kommend auf dem Weg zum Hauptbahnhof. Rechts sieht man die alte Schule und dahinter das spätere Arbeitsamt.

In einem alten Stadtführer heißt es: „Pferdebahn nach Ruhrort bei Tag alle viertel Stunden, abends alles halbe Stunden vom ‚Bergischen Hof' aus. Preis nach Entfernung verschieden!" Am 26. Juli 1897 wurde das Teilstück der Bahn bis zur Ruhrbrücke elektrifiziert. Hier erkennt man einen Straßenbahnzug auf der Ruhrorter Straße in Kaßlerfeld. 1911 wurden auf der Strecke Duisburg–Ruhrort erstaunliche 4,6 Millionen Fahrgäste befördert.

Der Bau der neuen Brücke nach Ruhrort bedeutete eine Verbesserung der Verkehrsverhältnisse auf der Linie 1, die hier auf der Kasslerfelder Seite in Richtung Duisburg unterwegs ist. Die Inbetriebnahme am 11. Mai 1907 brachte eine große Erleichterung. Schöne Kandelaber standen an der Auffahrt zum Karl-Lehr-Brückenzug und natürlich befanden sich hier Häuschen zur Entrichtung des Brückenzolls.

1918 blicken wir hier von der Einmündung des Vinckeweges in Richtung Ruhrort. Die Linie 1 nähert sich der „Restauration zum Rosenhügel“ von Ferdinand Becker. Viele Hafenarbeiter nutzten die Straßenbahn für ihren Weg zum Ruhrorter Hafen. Die Besitzer der Gaststätten entlang der Straßenbahnlinien hatten ihre Freude.

Die Aackerfährbrücke wurde im November 1904 ihrer Bestimmung übergeben. Von der Duisburger Seite schaut man hier in Richtung Meiderich. Erst am 16. März 1906 wurde der Vertrag über den Bau einer neuen Straßenbahnlinie nach Meiderich unter Benutzung der neuen Aakerfährbrücke geschlossen, die am 24. März 1907 als Linie M ihren Betrieb auf der Strecke vom Königsplatz zum Bahnhof Meiderich-Süd aufnahm.

Ein Einsatzwagen der Linie 3 an der Koloniestraße/Ecke Mozartstraße in Neudorf, 1938. Im Jahr 1914 war ein Abzweig bis zur Steinbruchstraße angelegt worden. Über den Hauptbahnhof und die Friedrich-Wilhelm-Straße ging es bis zur Werthauser Fähre in Hochfeld.

Zahlreiche Straßenbahnwagen am Ende des Kalkweges, kurz vor der Einmündung in den Sternbuschweg, vermutlich am 10. April 1927. Die Einsatzwagen stehen zum Abtransport der Schlachtenbummler bereit. An diesem Tag wollten 40.000 Zuschauer das Spiel des Duisburger Spiel-Vereins gegen den FC Schalke 04 in der Endrunde um die Westdeutsche Meisterschaft sehen, das schließlich 2:2 endete.

1935 erreicht ein Wagen der Linie 7 vom Marientor kommend seine Endstation am Grunewald. Die Linie verkehrte über Kuhtor und Neudorf bis zu diesem Verkehrsknotenpunkt. Geringer Autoverkehr herrscht auf dem Sternbuschweg im Hintergrund.

Bei der Einfahrt in den Betriebshof Grunewald sieht man 1931 einen Einsatzwagen der Linie 4. Diese verkehrte damals vom Bahnhof Meiderich-Süd über Stadttheater, Grunewald zum Neuen Friedhof. Ein schönes Detail ist das Reklameschild an der Oberleitung.

Die Linie 5 auf ihrem Weg zur Essenberger Fähre im Jahr 1950. Am 25. Mai 1912 wurde die Linie eröffnet, die von der Schifferstraße/Ruhrorter Straße nach Neuenkamp führte. Die Fahrzeit betrug 14 Minuten und der Fahrpreis lag bei 15 Pfennig. Am 1. Dezember 1952 waren die Tage dieser Straßenbahnlinie gezählt.

Linie 5 noch einmal 1930 an ihrem Endpunkt in Neuenkamp. Für den Bau der Straßenbahnlinie in diesem Außenbezirk war die Zeche Java ausschlaggebend gewesen. Im Hintergrund in der Mitte überragt die Schule an der Lilienthalstraße die Szenerie. Hinter dem Straßenbahnwagen ist eine Lorenbahn der Zeche zu erkennen.

# Continentale, Kreis Ruhrorter und Meidericher Straßenbahn

Auf der Kaiserstraße in Alt-Walsum sehen wir hier um 1910 einen Wagen der Continentalen Eisenbahn-Bau- und Betriebs-Gesellschaft, die am 27. Oktober 1899 die Genehmigung für den Bau von zwei Strecken zwischen Dinslaken, Walsumer Tor und dem Bahnhof Neumühl sowie zwischen Aldenrade und Walsum erhalten hatte. Im Hintergrund erkennt man die St.-Dionysius-Kirche. Seit dem 1. April 1905 war Walsum selbstständig, zuvor war der Ort ein Teil der Landgemeinde Dinslaken.

Da alle Strecken der „Continentalen“ im Bereich der Städte Dinslaken, Hamborn und Meiderich verliefen, verwundert es nicht, dass sich die Kreis Ruhrorter Straßenbahn AG für diese interessierte. Hier ist Wagen Nummer 5 um 1905 auf der heutigen Brusbachstraße abgebildet. Von rechts mündet die Rheinstraße, die heutige Theodor-Heuss-Straße, ein.

Auf Betreiben der Stadt Meiderich wurde 1902 die Strecke Dinslaken–Neumühl bis zum Bahnhof Meiderich verlängert. Wagen Nummer 7, hier auf der Bahnhofstraße, trägt bereits die neue Streckenbezeichnung. Am 10. April 1910 kaufte die Kreis Ruhrorter Straßenbahn alle Strecken der „Continentalen“ in diesem Bereich. Am 31. Dezember 1911 gingen sie offiziell auf die Kreis Ruhrorter Straßenbahn AG über.

Bereits 1892 wurde das Pferdebahnunternehmen Kampf und Hollender gegründet. Dieses betrieb eine 3,7 Kilometer lange Strecke auf 750 Millimeter Gleisspur zwischen Meiderich und der „Waage" im aufblühenden Hafenstadtteil Ruhrort. Die Pferdebahn sehen wir hier 1896 vor den Häusern Unter den Ulmen (heutige Nummern 83 und 85) zwischen Tunnel- und Kronenstraße. Gemütlich ging es mit 2 PS von Ruhrort nach Meiderich.

Am 27. Dezember 1893 wurde in Ruhrort die Kreis Ruhrorter Straßenbahn AG gegründet, die 1897 auf den Betrieb mit elektrischem Strom umgestellt wurde. Zunächst wurden die etwa fünf Kilometer lange Strecke Ruhrort–Beeck–Bruckhausen und die gut 4,7 Kilometer lange Strecke Ruhrort–Laar–Meiderich bis zum Meidericher Bahnhof erbaut, die im August 1897 eröffnet wurden. Hier erkennt man Wagen Nummer 7 auf der Fahrt nach Meiderich.

Ein Wagen der Kreis Ruhrorter Straßenbahn am Bahnhof Ruhrort, um 1900. Sehr schön sind der alte Ruhrorter Bahnhof und die Hütte „Phönix" zu erkennen. Die Bahnübergänge führten die Eisenbahngleise zum Eisenbahnhafen. Die KRS hatte die Meterspur gewählt, denn sie war für die Unterhaltung im Gleisbereich zwischen den Schienen und 50 Zentimeter an beiden Seiten zuständig.

Später wurde eine ein Kilometer lange Erweiterung durch Ruhrort über Karlsplatz, Landwehrstraße und Hafenstraße bis zur Homberger Fähre gebaut, die im Februar 1898 eröffnet wurde. Hier eine Bahn auf der Hafenstraße in Höhe des historischen Haniel-Packhauses (rechts). Sehr schön erkennt man auch das Kaiser-Wilhelm-Denkmal des Bildhauers Gustav Eberlein im Hintergrund auf dem Denkmalplatz an der Schifferbörse.

Im Mai 1900 wurde die 800 Meter lange Strecke der Linie Ruhrort–Bruckhausen bis zur neuen Endstelle in Marxloh-Pollmann in Betrieb genommen.

Auf der Kaiserstraße in Laar, heute Friedrich-Ebert-Straße, sehen wir im Jahr 1910 einen Wagen der Linie G auf dem Weg nach Ruhrort zum Friedrichsplatz. Diese war eine der wichtigsten Verbindungen zwischen den Stadtteilen im heutigen Duisburger Norden, lagen an dieser doch zahlreiche große Industriewerke, deren Mitarbeiter auf die Bahn angewiesen waren.

Die Endstation der im Mai 1900 vom Zechengleis der Gewerkschaft „Deutscher Kaiser" bis hierhin verlängerten Straßenbahnlinie der Kreis Ruhrorter Straßenbahn im Jahr 1905. Der Blick geht von der Pollmann-Kreuzung in die Kaiserstraße Richtung Bruckhausen.

Diese Aufnahme von 1920 zeigt einen Wagen der Kreis Ruhrorter Straßenbahn auf der Weseler Straße. Die Strecke wurde zuvor von der „Continentalen" betrieben. Zum 1. Januar 1909 wurde sie von der Kreis Ruhrorter Straßenbahn gekauft, die 1912 auch die Meidericher Straßenbahn erwarb.

Der zentrale Umsteigepunkt zwischen der aus Duisburg kommenden Linie 1 der Duisburger Straßenbahnen GmbH, die am rechten Rand zu sehen ist, und der Linie G der Kreis Ruhrorter Straßenbahn. Da die Ruhrorter Bahnen auf Meterspur fuhren und die Duisburger auf Normalspur, gehörte dieses Umsteigen über Jahrzehnte zur Fahrt in den Duisburger Norden.

Zu jeder Tageszeit bestimmten die Umsteiger das Bild am Friedrichsplatz, wie auch hier im Jahr 1925. Wir sehen links noch die alten Triebwagen der Kreis Ruhrorter Straßenbahn, die auf die Fahrgäste aus Duisburg warten. Rege Betriebsamkeit gehörte hier zum Alltag.

Das imposante und architektonisch ins Auge fallende Pförtnergebäude der Kreis Ruhrorter Straßenbahn am Depot an der Gartsträucher Straße in Meiderich im Jahr 1910. Man zeigte, wer man war. Die Gebäude fielen den Luftangriffen im Zweiten Weltkrieg zum Opfer.

Hier blicken wir noch einmal auf den Betriebshof Meiderich der Kreis Ruhrorter Straßenbahn. Rechts steht das 1900 erbaute Kaufmännische Büro und links im Hintergrund das Magazin sowie das um 1922 errichtete technische Büro. Für die Kinder gingen die Straßenbahnen hier „schlafen“.

Um 1905 nähert sich auf der Straße Auf dem Damm in Höhe der links einmündenden Marktstraße ein von Meiderich kommender Wagen auf seinem Weg nach Ruhrort der evangelischen Kirche in Meiderich. Die Linie ist schon lange Geschichte. Heute befindet sich hier der U-Bahn-Haltepunkt.

1930 hatte die Kreis Ruhrorter Straßenbahn auch die Betriebsführung der Hamborner Straßenbahn übernommen. Dieser Wagen vor dem 1938 eröffneten Hamborner Stadtbad fährt allerdings auf der bereits 1899 zwischen Neumühl und Dinslaken erbauten und im Juli 1900 eröffneten Strecke der „Continentalen“.

Der 7. Mai 1928 war ein großer Tag für die Bewohner von Beeckerwerth. Die neue Straßenbahnlinie L der Kreis Ruhrorter Straßenbahn wurde unter reger Anteilnahme der Bevölkerung festlich eröffnet. Fortan gab es eine schnelle Verbindung in das benachbarte Beeck. Doch es fehlten noch gut 500 Meter vom Denkmal in Beeck bis zur Stepelschen Straße.

Als diese Postkarte 1957 verschickt wurde, war die Szenerie schon Geschichte, denn bereits am 7. November 1954 war die Straßenbahnverbindung nach Beeckerwerth im Zuge der schrittweisen Stilllegung des meterspurigen Straßenbahnnetzes im Duisburger Norden eingestellt worden.

# Die Hamborner Straßenbahn

1910 wurden durch die Städtische Straßenbahn Hamborn die ersten zweiachsigen Triebwagen bei der Waggon-Fabrik AG in Uerdingen beschafft. Wir sehen hier einen Wagen der Straßenbahnlinie B auf der Kalthoffstraße zwischen Halfmann- und Knappenstraße. Diese fuhr von der Norbertuskirche über den Bahnhof Hamborn zur Pollmann-Ecke.

Zu Beginn des 20. Jahrhunderts verfolgte die Stadtverwaltung in Hamborn das Ziel, eine Ost-West-Straßenbahnverbindung zu bauen. Am 29. Oktober 1909 wurde die erste Linie der Hamborner Straßenbahn zwischen Bruckhausen und Buschhausen in Betrieb genommen. Hier ein Wagen der Linie A an der Abteikirche, dahinter erkennt man den Hamborner Gasometer und links davon die Gaststätte „Zum heiligen Geist“ von Hermann Opgen-Rhein.

Ein Blick in die Goethestraße im „Dichterviertel“. Ein Wagen der Linie A fährt gemütlich durch die nur von Fußgängern frequentierte Straße. Im Hintergrund der Turm der Norbertuskirche, der mit 85 Metern der höchste Kirchturm Hamborns war und ist. Seit 1910 fuhr die Linie A von Alsum über Bruckhausen, Hamborn und Obermarxloh nach Schmidthorst-Neumühl.

Die Linie H der Hamborner Straßenbahn sehen wir im Jahr 1925 an der Endhaltestelle Ecke Bastenstraße und Holtener Straße. Hier befand sich der Anschluss an die Linie A. Über die Holtener Straße ging es vorbei am Bahnhof Neumühl und dem Rathaus Hamborn, um in nur 20 Minuten nach Marxloh zu gelangen.

Noch einmal die Linie H der Hamborner Straßenbahn, diesmal ein „Hechtwagen", an der Endhaltestelle Schacht 2/5, um 1930. Am 1. Mai des Jahres wurde die Gesellschaft durch die Kreis Ruhrorter Straßenbahn übernommen.

1916 wurde das Schienennetz ausgebaut, wie hier in der Neumühler Straße. Die Linie D kam vom Bahnhof Meiderich und fuhr in gut einer Stunde über die Haltestelle Rathaus Hamborn nach Dinslaken. Links ist das Stammhaus der Familie Morian zu erkennen, worin sich früher die Postagentur befand. Daniel Morian war einer der Väter des Bergbaus in der Gemeinde Hamborn.

Straßenbahnconducteurs und -fahrer haben sich hier um 1920 vor einem Wagen der Hamborner Straßenbahn mit dem Fahrtziel Schacht 2/5 aufgestellt. Automaten oder Fahrkartenentwerter waren damals Fremdwörter. Bei Haltewunsch wurde eine lange Strippe gezogen, es folgte ein Klingelton und weiter fuhr man mit der Straßenbahn, bis es hieß: „Alles aussteigen, Endstation!“

Die Linie A von Alsum nach Buschhausen um 1915 an der Haltestelle Tor 6 der Thyssen-Hütte. In den Matena-Tunnel, den man im Hintergrund sieht, war die Straßenbahnlinie auf Wunsch der Hamborner Gemeindevertretung verlegt worden, die am 29. Oktober 1910 auf der Matenastraße eingeweiht wurde.

Zunächst wurde die Strecke von Buschhausen bis zur Ecke Matenastraße/Kaiser-Wilhelm-Straße gebaut. Nach Errichtung des Matena-Tunnels wurde diese bis Alsum durchgelegt. Hier die Tunneleinfahrt auf der Bruckhausener Seite um 1915. Der Tunnel ist heute geschlossen, Alsum unter einer Halde verschüttet und die Meterspurlinien im Duisburger Norden existieren seit Mitte der 1960er-Jahre nicht mehr.

Voller Stolz präsentierte die Städtische Straßenbahn Hamborn 1910 ihre neuen zweiachsigen Triebwagen, die sie bei der Waggon-Fabrik AG, Uerdingen beschafft hatte. Diese erhielten die Nummern 1–20. Ebenfalls sehen wir einen der Beiwagen. Diese trugen die Nummern 51–58. 1913 kamen die Triebwagen 21–28, 1921 die Nummern 29–35 und 1926 die Nummern 36–45 hinzu.

Verwaltung, Werkstatt und Wagenhalle der Städtischen Straßenbahn Hamborn befanden sich damals auf der Schlachthofstraße. Auf dieser etwa um 1920 entstandenen Aufnahme erkennt man die Einfahrt zum Betriebshof.

Die Wagenhalle des Straßenbahndepots war verhältnismäßig klein. Doch bei den zweiachsigen Trieb- und Beiwagen der ersten Generation war der Platz für diese mehr als ausreichend. Das Depot gibt es schon lange nicht mehr. Heute befindet sich hier ein Supermarkt.

◂ Ebenfalls 1910 blicken wir hier einmal in das Innere eines Beiwagens. Die Holzsitze waren nicht sehr komfortabel, aber die Fahrgäste waren dennoch zufrieden, erleichterte die Fahrt mit der Elektrischen doch den oftmals weiten Weg zwischen dem Wohnort und dem Arbeitsplatz oder zum Einkauf in der aufstrebenden Stadt Hamborn.

An der Endhaltestelle der Linie A wurde um 1915 dieses Foto gemacht. Fahrer und Schaffner von Wagen Nummer 26 warten auf ihre Fahrgäste in Richtung Alsum. Diese Linie war jahrzehntelang eine der wichtigsten Verbindungen in Hamborn.

Als 1909 ein Ausbau der Erzhochbahn der August-Thyssen-Hütte ins Auge gefasst wurde, begannen die Planungen für den Matena-Tunnel. Die Vollendung des Bauwerks dauerte bis 1911. Es wurde mit der Eröffnung 1912 unentgeltlich an die Gemeinde Hamborn übertragen. Ein Straßenbahngleis wurde einspurig in der südlichen Fahrspur des Tunnels eingelassen. Hier ein Wagen der Linie A um 1915 im Tunnel.

# Die Düsseldorf-Duisburger Kleinbahn

Nachdem die Gesellschaft für elektrische Unternehmungen Berlin am 1. November 1899 die Konzession für die Anlage einer Kleinbahn zwischen Duisburg und Düsseldorf erhalten hatte, wurde zunächst die Strecke vom Depot in Kaiserswerth nach Düsseldorf und am 16. August 1900 um 15 Uhr die Reststrecke Kaiserswerth–Duisburg in Betrieb genommen. Die Endstation der Bahn auf der Düsseldorfer Straße kurz vor der Einmündung in die Königstraße sehen wir hier um 1905.

Der Wagen Nummer 4 der Kleinbahn steht hier an der Endhaltestelle vor dem im Januar 1910 neu errichteten Gebäude der Getreidebörse zur Abfahrt nach Düsseldorf bereit. Am 30. Juni 1913 beschloss die Duisburger Stadtverordnetenversammlung den Ankauf der Düsseldorf-Duisburger Kleinbahn für 2,1 Millionen Mark, die im gleichen Jahr in den Besitz der Stadt überging.

Ein Wagen der Kleinbahn an der Ecke Friedrich-Wilhelm-Straße/Düsseldorfer Straße, 1906. In diesem Jahr wurde die Düsseldorf-Duisburger Kleinbahn GmbH an das Rheinisch-Westfälische Elektrizitätswerk veräußert, doch bereits am 15. August 1908 von diesem an die Allgemeine Lokal- und Straßenbahn-Gesellschaft Berlin verkauft.

Auf den früheren Strecken der Kleinbahn wurden nach deren Übernahme am 1. Mai 1938 durch die Duisburger Straßenbahnen GmbH die Linie 8 von der Saarstraße über Düsseldorfer Straße, Kulturstraße und Wanheim nach Hüttenheim und die Linie 9 nach Duisburg-Huckingen betrieben. Hier ein Wagen der Linie 8, Baujahr 1914/15, an der Haltestelle König-Heinrich-Platz.

1909 wurden gut 2,5 Millionen Fahrgäste befördert und 1911 erwarb die Stadt Düsseldorf den auf ihrem Gebiet liegenden Anteil der Kleinbahn von der Allgemeinen Lokal- und Straßenbahngesellschaft. Hier noch einmal ein Wagen in Höhe der früheren Endstelle an der Getreidebörse, um 1915.

An Wochentagen gab es einen 20-Minuten- und an Sonn- und Feiertagen sogar einen 10-Minuten-Takt. Zum Einsatz kamen zweiachsige Straßenbahnwagen mit einem Achsabstand von 2,5 Metern und Rollenstromabnehmern mit Holzlattensitzen in Längsrichtung. Der Wagenpark umfasste anfänglich 19 Motor- und 10 Anhängerwagen.

Wir sehen die Düsseldorf-Duisburger Kleinbahn auf der Düsseldorfer Chaussee in Höhe der Wirtschaft „Fritz Küpper“ um 1920 auf ihrer Fahrt in Richtung Duisburg. Man erkennt im Hintergrund die Einmündung der Römerstraße.

Die Gastwirtschaft von Gustav Nipken in Wanheimerort, um 1910. Das traditionelle Pferdefuhrwerk steht im Kontrast zur damals modernen Straßenbahn. Die Haltestellen lagen meistens an den Gasthäusern entlang der Strecke und die Gastwirte machten hierauf auch noch einmal besonders aufmerksam, wie man es auf der Postkarte lesen kann.

Als Ziel ist auf diesem Wagen der Düsseldorf-Duisburger Kleinbahn noch Wanheim angegeben, also muss diese Aufnahme vor der Durchlegung der Bahn bis zum Angerbach im Jahr 1914 entstanden sein.

Noch einmal eine bekannte Gaststätte im heutigen Duisburger Süden, 1925. Es handelt sich um die „Wirtschaft Füßer“ in Buchholz. Mit großem „Hallo“ hatte man sich zum Erinnerungsfoto vor dem Wagen der „Kurz-und-Klein-Bahn“ aufgestellt, wie man diese im Volksmund aufgrund des nicht allzu großen Fahrkomforts auch nannte.

Hier sehen wir sehr schön, dass es auf der Düsseldorfer Chaussee immer wieder zu Einschränkungen im Fahrbetrieb der Bahnen kam. Beim Schützenumzug im Jahr 1924 musste die Straßenbahn warten und nahm die „Parade“ ab. Hinten links ist noch einmal die „Wirtschaft Füßer“ mit ihrem großen Saalanbau zu erkennen.

Die Strecke der Kleinbahn war auf ihrer gesamten Länge zunächst nur eingleisig mit vereinzelten Ausweichen gebaut worden, wie man auf dieser Postkarte der Düsseldorfer Chaussee in Huckingen von 1915 sieht. Da sich die Bahn fast auf ihrer gesamten Strecke über die auch von Autos und Fuhrwerken genutzte Landstraße quälte, wurde am 15. März 1924 der Umbau der Kleinbahn in eine Schnellstraßenbahn beschlossen.

Im Laufe der Jahre entsprach der Fuhrpark der Kleinbahn ebenfalls nicht mehr den an ihn gerichteten Anforderungen. Die Errungenschaft im Jahr 1926 war daher dieser für die Schnellstraßenbahn ausgelieferte neue, schwere, vierachsige Harkort-Wagen der gleichnamigen Stahlbaufirma. Die Bauart wurde in diesem Jahr erstmalig in Europa ausgeführt.

Die folgenden Aufnahmen zeigen die feierliche Eröffnungsfahrt der neuen Schnellbahnlinie D am 1. Mai 1926 anlässlich der GESOLEI, einer Ausstellung für „Gesundheit, Sozialfürsorge und Leibesübungen" in Düsseldorf. Es war eine gemeinschaftlich betriebene Straßenbahn der Duisburger Straßenbahn und der Rheinischen Bahngesellschaft in Düsseldorf. Hier biegt sie von der Königstraße in die Düsseldorfer Straße ab.

Eine herrliche Aufnahme des Verkehrsaufkommens am Grunewald sehen wir hier. Links trottet ein Pferdefuhrwerk in Richtung Stadt und der rastlose Radfahrer versucht mit dem „Harkort" mitzuhalten. Hinten erkennt man das „Stammhaus Grunewald" und rechts die Gartenmauer vom „Forsthaus Grunewald". Diese Bahn bot schon einen imposanten Anblick.

Mitarbeiter und Kollegen erwarteten am Betriebshof Grunewald die Bahn auf ihrer „Jungfernfahrt“ nach Düsseldorf. Rechts am Bildrand grüßte auch ein Wagen der ersten Fahrzeuggeneration, sozusagen der „Großvater“ der nun so sehr umjubelten, modernen Bahn.

Der Abschnitt vom Neuen Friedhof in Wanheimerort über Huckingen und Kaiserswerth bis zur Uerdinger Straße in Düsseldorf wurde auf einen eigenen Bahnkörper verlegt. Hier sieht man den Wagen beim Abzweig auf die neu angelegte Strecke am Waldfriedhof. Rechts ist das „Restaurant Neuenhof“ zu erkennen.

Mit der Eröffnung der Schnellbahnlinie im Jahr 1926 wurden die Endstationen der D-Bahn und der aus Hüttenheim kommenden Linie 8 in Duisburg zur Saarstraße verlegt. Das Foto von 1929 zeigt aber auch hinten rechts das alte Fernmeldeamt, das dem Landfermann-Tunnel weichen musste. Die Blechwarenfabrik von Wilhelm Buller ist schon lange abgerissen.

Das machte nicht nur optisch einen Unterschied zu den alten Straßenbahnwagen aus. Sehr schön sehen wir hier einen der neuen Harkort-Wagen der D-Bahn, der aus der Düsseldorfer Straße auf die Königstraße abgebogen ist. Ein Zeitzeuge beschreibt den Komfort der neuen Wagen wie folgt: „Die D-Bahn hatte für uns solch ein Flair wie der „Orient-Express“ nach Istanbul!“

Vermutlich Anfang der 1930er-Jahre hat es auf der Düsseldorfer Straße einen „Harkort" der D-Bahn aus den Gleisen geworfen. Hinten links erkennt man die Didier-Werke an der Ecke Kulturstraße und zwischen den Wagen die Siedlung an der Buchholzstraße.

1932 sehen wir hier links einen Wagen der D-Bahn am St.-Anna-Krankenhaus in Huckingen in Fahrtrichtung Düsseldorf. Rechts fährt ein Wagen der Linie 9 in Richtung Duisburg los. Diese Linie endete in Huckingen. Die Magnusstraße, heute Albertus-Magnus-Straße, glich einem besseren Feldweg.

1935 passiert hier ein D-Bahn-Wagen den alten Angerbach in der Nähe der Sandmühle. Seit 1930 hatten die Aufsichtsbehörden eine Geschwindigkeitserhöhung für die Strecke auf 60 km/h genehmigt und man konnte endlich von einer „Schnellbahn" sprechen. Den Betrieb der Linie D führten die Rheinische-Bahn-Gesellschaft und die Duisburger Straßenbahnen GmbH gemeinsam.

Auf dem Foto aus den 1950er-Jahren sieht man die Linie D an der Haltestelle Angerhof, später Kesselsberg. Mit Beginn des Sommerfahrplanes am 16. Mai 1950 war der Speisewagenbetrieb auf der D-Bahn eingeführt worden. Dieser befand sich im ersten Anhänger des abgebildeten Wagenzugs. Die D-Bahn hielt damals an der großen Terrasse des bekannten Ausflugslokals.

◀ Durch den Ausbau zur Schnellbahn waren die Gleise auf einen eigenen Bahnkörper parallel zur Düsseldorfer Chaussee verlegt worden. Dieses Foto muss kurz nach der Eröffnung entstanden sein, da der Schotter noch weiß ist. Der Angerbach wurde hier auch unter die Überführung rechts am Rand verlegt. Im Hintergrund der Turm der Huckinger St.-Peter-und-Paul-Kirche.

◂ Die Düsseldorf-Duisburger Kleinbahn in Alt-Wanheim, 1936. Die Linie war von der Düsseldorfer Straße über die Kultur- und Wanheimer Straße zur Kirche in Wanheim gebaut und am 24. Dezember 1912 dem Betrieb übergeben worden. Im Mai 1913 wurde ein Depot auf Duisburger Gebiet am Grunewald errichtet. Ab 1915 fuhr die Bahn bis zur Königstraße.

Ein Wagen der Linie 4 fährt um 1970 am Mannesmann Tor 1 in Hüttenheim los in Richtung Ruhrort-Friedrichsplatz. Die alte Linie 8 gab es nicht mehr. Man hatte Anfang der 1970er-Jahre auf vielen Straßenbahnlinien die Linienführung geändert.

◂ Im März 1914 wurde die Zweiglinie der Düsseldorf-Duisburger Kleinbahn von der Wanheimer Kirche bis zum Angerbach verlängert. Die Bahn steht hier vor der Brücke über den Angerbach am Mannesmann-Tor 1. Der Blick war noch frei bis zu den Ehinger Schulen (rechts). Links des Wagens erkennt man die Angerorter Mühle und dahinter den Hof Medefurth.

Noch 1904 hatte man die Rentabilität einer Linie nach Wanheim angezweifelt. Als jedoch ab 1909 die Industrialisierung im Süden Duisburgs voranschritt, baute man die Straßenbahnlinie nach Wanheim. 1927 wurde diese über die Ehingerstraße und Huckinger Straße bis zur Rosenbergstraße in Hüttenheim verlängert und 1928 in Betrieb genommen.

Wagen der Linie 8 nannte man abfällig „Proletenbagger", da sie die Arbeiter der großen Werke zu ihrem Arbeitsplatz brachten. Man sieht hier einen von ihnen um 1930 an seiner Endstation in Höhe der Rosenbergstraße in Hüttenheim.

# Die Straßenbahn am westlichen Rheinufer

Ein Straßenbahnwagen fuhr um 1920 auf der damaligen Friedrichstraße in Baerl. Am 1. April 1909 hatte man den Betrieb der Straßenbahn zunächst zwischen Homberg-Depot–Feldstraße und der Gaststätte „Stermann" in Gerdt aufgenommen. Die Weiterführung bis Baerl wurde zum 6. Mai 1910 umgesetzt.

Am 4. März 1945 stellte die Straßenbahn auf dem westlichen Rheinufer wegen Bombenschäden und Artilleriebeschuss ihren Betrieb ein. Erst am 12. Juli 1945 wurde er auf der Strecke Moers-Bahnhof–Homberg-Bismarckplatz wieder aufgenommen. Die Linie 1 fuhr 1949 von Moers-Hülsdonk bis Homberg-Gleisdreieck. Die letzte Straßenbahnlinie in Homberg war im Herbst 1954 auf Obus-Betrieb umgestellt.

Am 1. Januar 1882 hatte die Preußische Staatsbahn eine 5,3 Kilometer lange Sekundärbahn vom Moerser Staatsbahnhof zwischen Homberger und Bergstraße über die Homberger und Moerser Straße bis zum Staatsbahnhof Homberg gebaut und am 1. Januar 1883 in Betrieb genommen, hier um 1905 in Hochheide. Da die Bahn für den Stadtverkehr nicht geeignet war, wurde sie zum 30. September 1908 stillgelegt.

Am 5. August 1901 wurde eine zweite Fernbahnlinie der Düsseldorfer Rheinbahn eröffnet, die von Meerbusch in das benachbarte Uerdingen führte. Am 25. April 1902 wurde der elektrische Betrieb aufgenommen. Im 90-Minuten-Takt fuhr die Bahn vom Graf-Adolf-Platz nach Uerdingen. In zwei Abschnitten wurde sie über Rumeln, Trompet und Schwafheim verlängert. Im November 1958 fuhr die letzte Straßenbahn auf der Linie Düsseldorf–Moers.

Am 16. Dezember 1911 war sie bis Moers durchgelegt und hatte dort eine gemeinsame Endhaltestelle mit der Straßenbahn Moers–Rheinberg. Um die Fahrzeuge für die nun 23 Kilometer lange Strecke unterzubringen, wurde in Trompet ein neues Depot errichtet. Die gesamte Strecke zwischen Düsseldorf und Moers war mit 32,7 Kilometern eine der längsten Straßenbahnstrecken, die es in Deutschland gab.

An der Endhaltestelle am Friedrichsplatz in Ruhrort steht um 1916 ein Wagen der Homberger Straßenbahn und wartet auf die Abfahrt in Richtung Homberg-Friemersheim. Am 3. Juli 1909 befuhr die Bahn erstmalig die Strecke von Homberg bis Bahnhof Rheinhausen-Ost und wurde bis 1914 über Kaiserstraße–Marktplatz–Wilhelmstraße zum Friedhof an der Dahlingstraße verlängert.

Am 20. April 1907 wurde die Brücke zwischen Ruhrort und Homberg eröffnet. Ab 1. Mai 1907 fuhren die von Meiderich und Laar kommenden Wagen der Kreis Ruhrorter Straßenbahn über die Brücke und hatten in Homberg am Gleisdreieck, heute Goetheplatz, ihre Endstation.

Die Homberger Auffahrt zur Rheinbrücke Ruhrort–Homberg, um 1915. Die Moers-Homberger Straßenbahn war seit dem 21. Dezember 1912 schon bis zur Brückenrampe gefahren. Vom 15. Februar 1927 bis 1935 verkehrten die Wagen von Friemersheim nicht mehr nach Baerl, sondern alle 20 Minuten über die Rheinbrücke bis Ruhrort-Friedrichsplatz.

Wagen 2 der Linie von Baerl über Homberg, Rheinhausen, Hochemmerich nach Friemersheim steht hier 1918 mit einer Kinderschar zur Abfahrt bereit. Es war damals kein alltägliches Vergnügen und für die Kinder ein großes Erlebnis, einmal mit der „Elektrischen“ einen Ausflug zu machen.

Eine schöne Erinnerung an alte Zeiten der Straßenbahn Moers–Homberg ist dieser Fahrplan von 1934.

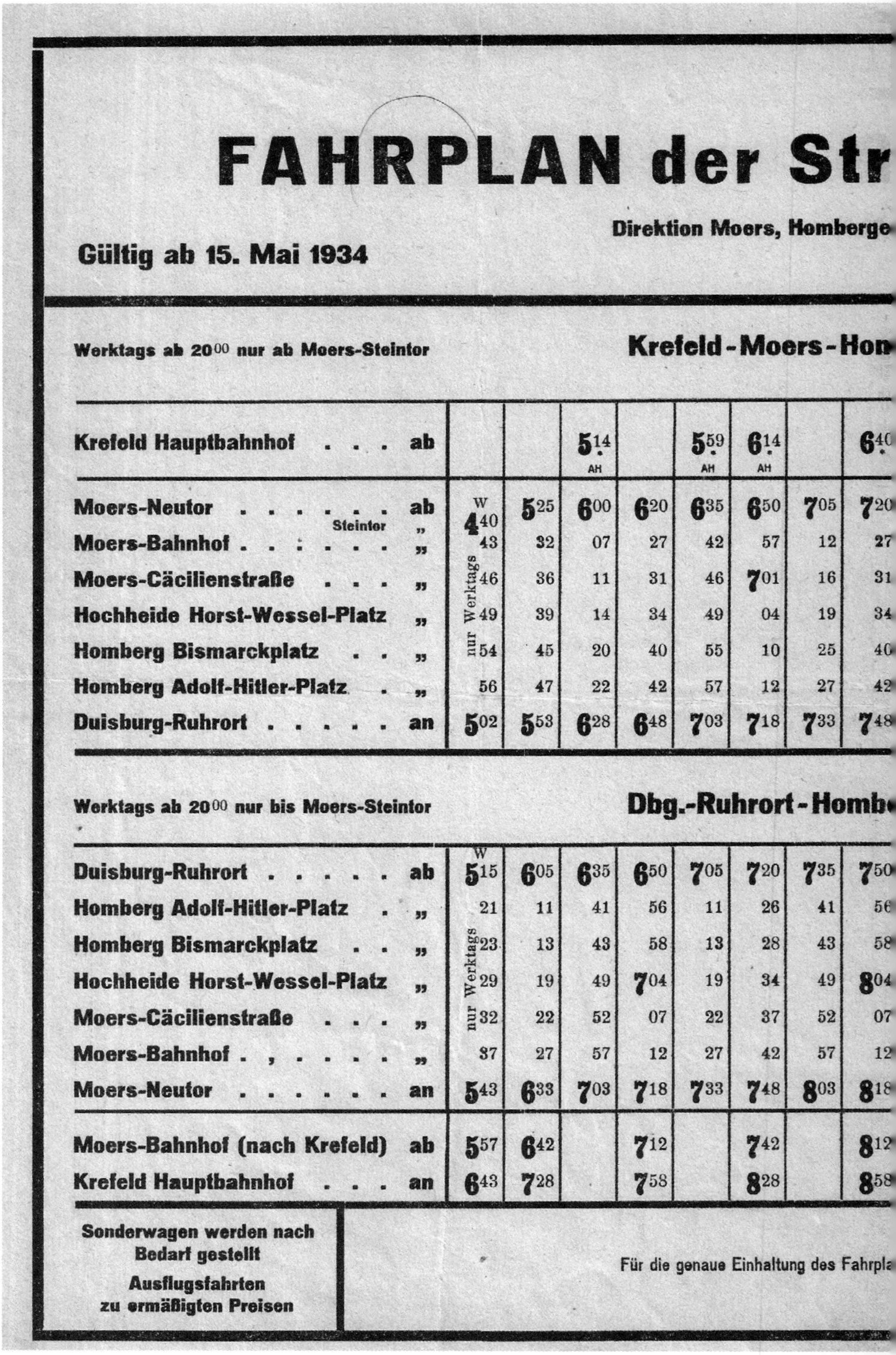

# FAHRPLAN der Str

Direktion Moers, Homberge

Gültig ab 15. Mai 1934

Werktags ab $20^{00}$ nur ab Moers-Steintor

**Krefeld - Moers - Hon**

| | | nur Werktags | | | | | | | |
|---|---|---|---|---|---|---|---|---|---|
| Krefeld Hauptbahnhof . . . | ab | | | $5^{14}$ AH | | $5^{59}$ AH | $6^{14}$ AH | | $6^{40}$ |
| Moers-Neutor . . . . . . . | ab | W | $5^{25}$ | $6^{00}$ | $6^{20}$ | $6^{35}$ | $6^{50}$ | $7^{05}$ | $7^{20}$ |
| Steintor | „ | $4^{40}$ | | | | | | | |
| Moers-Bahnhof . . : . . . . | „ | 43 | 32 | 07 | 27 | 42 | 57 | 12 | 27 |
| Moers-Cäcilienstraße . . . | „ | 46 | 36 | 11 | 31 | 46 | $7^{01}$ | 16 | 31 |
| Hochheide Horst-Wessel-Platz | „ | 49 | 39 | 14 | 34 | 49 | 04 | 19 | 34 |
| Homberg Bismarckplatz . . | „ | 54 | 45 | 20 | 40 | 55 | 10 | 25 | 40 |
| Homberg Adolf-Hitler-Platz . | „ | 56 | 47 | 22 | 42 | 57 | 12 | 27 | 42 |
| Duisburg-Ruhrort . . . . . . | an | $5^{02}$ | $5^{53}$ | $6^{28}$ | $6^{48}$ | $7^{03}$ | $7^{18}$ | $7^{33}$ | $7^{48}$ |

Werktags ab $20^{00}$ nur bis Moers-Steintor

**Dbg.-Ruhrort - Homb**

| | | W nur Werktags | | | | | | | |
|---|---|---|---|---|---|---|---|---|---|
| Duisburg-Ruhrort . . . . . . | ab | $5^{15}$ | $6^{05}$ | $6^{35}$ | $6^{50}$ | $7^{05}$ | $7^{20}$ | $7^{35}$ | $7^{50}$ |
| Homberg Adolf-Hitler-Platz . | „ | 21 | 11 | 41 | 56 | 11 | 26 | 41 | 56 |
| Homberg Bismarckplatz . . | „ | 23 | 13 | 43 | 58 | 13 | 28 | 43 | 58 |
| Hochheide Horst-Wessel-Platz | „ | 29 | 19 | 49 | $7^{04}$ | 19 | 34 | 49 | $8^{04}$ |
| Moers-Cäcilienstraße . . . | „ | 32 | 22 | 52 | 07 | 22 | 37 | 52 | 07 |
| Moers-Bahnhof . , . . . . . | „ | 37 | 27 | 57 | 12 | 27 | 42 | 57 | 12 |
| Moers-Neutor . . . . . . . | an | $5^{43}$ | $6^{33}$ | $7^{03}$ | $7^{18}$ | $7^{33}$ | $7^{48}$ | $8^{03}$ | $8^{18}$ |
| Moers-Bahnhof (nach Krefeld) | ab | $5^{57}$ | $6^{42}$ | | $7^{12}$ | | $7^{42}$ | | $8^{12}$ |
| Krefeld Hauptbahnhof . . . | an | $6^{43}$ | $7^{28}$ | | $7^{58}$ | | $8^{28}$ | | $8^{58}$ |

Sonderwagen werden nach Bedarf gestellt

Ausflugsfahrten zu ermäßigten Preisen

Für die genaue Einhaltung des Fahrpla

Linie 1

# ßenbahn Moers-Homberg

aße 113. Fernruf Moers 755-757, Duisburg 42587

**Gültig ab 15. Mai 1934**

## g-Dbg.-Ruhrort

| | | | | | | | | | | | | | |
|---|---|---|---|---|---|---|---|---|---|---|---|---|---|
| 40 ch 40 ab 0 dl. 40 | $20^{10}$ | | $20^{40}$ | | $21^{10}$ | | $21^{40}$ | | | | $22^{40}$ | | $23^{40}$ |
| | | S nur Sonntags | | S nur Sonntags | | S nur Sonntags | | S nur Sonntags | | | | | |
| | $20^{50}$ | $21^{05}$ | $21^{20}$ | $21^{35}$ | $21^{50}$ | $22^{05}$ | $22^{20}$ | $22^{35}$ | $22^{50}$ | | $23^{20}$ | $23^{50}$ | $0^{20}$ |
| | 57 | 12 | 27 | 42 | 57 | 12 | 27 | 42 | 57 | | 27 | 57 | 27 |
| | $21^{01}$ | 16 | 31 | 46 | $22^{01}$ | 16 | 31 | 46 | $23^{01}$ | | 31 | $0^{01}$ | 31 |
| | 04 | 19 | 34 | 49 | 04 | 19 | 34 | 49 | 04 | | 34 | 04 | 34 |
| | 10 | 25 | 40 | 55 | 10 | 25 | 40 | 55 | 10 | | 40 | 10 | 40 |
| | 12 | 27 | 42 | 57 | 12 | 27 | 42 | 57 | 12 | | 42 | 12 | 42 |
| | $21^{18}$ | $21^{33}$ | $21^{48}$ | $22^{03}$ | $22^{18}$ | $22^{33}$ | $22^{48}$ | $23^{03}$ | $23^{18}$ | | $23^{48}$ | $0^{18}$ | $0^{48}$ |

## Moers-Krefeld

| | | | | | | | | | | | | | |
|---|---|---|---|---|---|---|---|---|---|---|---|---|---|
| | | S nur Sonntags | | S nur Sonntags | | S nur Sonntags | | S nur Sonntags | | S nur Sonntags | | | |
| | $21^{20}$ | $21^{35}$ | $21^{50}$ | $22^{05}$ | $22^{20}$ | $22^{35}$ | $22^{50}$ | $23^{05}$ | $23^{20}$ | $23^{35}$ L2 | $23^{50}$ | $0^{20}$ | $1^{00}$ |
| | 26 | 41 | 56 | 11 | 26 | 41 | 56 | 11 | 26 | 41 | 56 | 26 | 06 |
| | 28 | 43 | 58 | 13 | 28 | 43 | 58 | 13 | 28 | 43 | 58 | 28 | 08 |
| | 34 | 49 | $22^{04}$ | 19 | 34 | 49 | $23^{04}$ | 19 | 34 | 49 | $0^{04}$ | 34 | 14 |
| | 37 | 52 | 07 | 22 | 37 | 52 | 07 | 22 | 37 | 52 | 07 | 37 | 17 |
| | 42 | 57 | 12 | 27 | 42 | 57 | 12 | 27 | 42 | 57 | 12 | 42 | 22 |
| | $21^{48}$ | $22^{03}$ | $22^{18}$ | $22^{33}$ | $22^{48}$ | $23^{03}$ | $23^{18}$ | $23^{33}$ | $23^{48}$ | $0^{03}$ | $0^{18}$ | $0^{48}$ | $1^{28}$ |
| ch 12 ab 2 | $21^{42}$ | | $22^{12}$ | | | | $23^{12}$ | | | | $0^{12}$ | | |
| dl. 12 | $22^{28}$ | | $22^{58}$ | | | | $23^{58}$ | | | | $0^{54}$ AH | | |

wie der Anschlüsse, kann eine Gewähr nicht übernommen werden.

**Ab Krefeld HB nach Moers — Dbg.-Ruhrort**

$5^{14}$* $5^{59}$* $6^{14}$* (ab Adolf-Hitler-Str.) $6^{40}$* $7^{10}$* $7^{40}$ $8^{40}$ $9^{40}$ $10^{40}$ $11^{40}$ $12^{10}$ halbstdl. bis $21^{40}$ $22^{40}$ $23^{40}$

*) Umsteigen in Moers-Steintor

**Ab Ruhrort nach Krefeld**

$5^{15}$W* $6^{05}$* $6^{50}$* $7^{20}$* $7^{50}$* $8^{50}$ $9^{50}$ $10^{50}$ $11^{50}$ $12^{20}$ $12^{50}$ halbstündl. bis $20^{50}$ $21^{20}$ $21^{50}$ $22^{50}$ $23^{50}$

*) Umsteigen in Moers-Steintor

**Ab Moers-Bahnh. n. Krefeld**

$5^{57}$ $6^{42}$ $7^{12}$ $7^{42}$ $8^{12}$ $9^{12}$ $10^{12}$ $11^{12}$ $12^{12}$ $12^{42}$ halbstündl. bis $21^{12}$ $21^{42}$ $22^{12}$ $23^{12}$ $0^{12}$ ab Moers-Steintor 3 Minuten später

**Umsteigen ab Ruhrort**

**in Richtung Rheinhausen-Friemersheim und Baerl am Adolf-Hitler-Platz in Homberg**

W = Werktags S = Sonntags
AH = Adolf-Hitler-Straße, Krefeld
*) Umsteigen in Moers-Steintor

Baurat Küchler vom Bau- und Betriebsbüro für Neben- und Kleinbahnen in Bad Oeynhausen begann im Jahr 1907 mit dem Bau der elektrischen Bahn in Meterspur vom Bahnhof Homberg bis Moers-Steintor. Sie verlief auch hier durch die Augustastraße in Homberg. Die Aufnahme entstand um 1910.

Sehr schön zeigt die Leiste am Dach von Wagen 3 der Straßenbahn-Gesellschaft Homberg auf dem Foto von 1917 den Fahrtverlauf der Straßenbahnlinie von Baerl über Gerdt, Homberg, Essenberg nach Hochemmerich, Rheinhausen und Atrop zur Endstation in Friemersheim.

Beim Bau der Straßenbahn wurde der Plan geändert, sie wurde nun in Hochemmerich über die Atroper- und Schwarzenberger Straße und in nördlicher Richtung über die Friedrich-Alfred-, Asterlager-, Essenberger-, Emmericher- und Duisburger Straße geführt. Hier ein Wagen der Straßenbahn auf der Friedrich-Alfred-Straße in Höhe der Margarethensiedlung der Krupp-Hütte, um 1930.

◂ Ein Wagen der Straßenbahnlinie nach Ruhrort auf der Duisburger Straße in Höhe der Eisenbahnstraße in Homberg. 1881 war die Hochbrücke erbaut worden, über die Kohle und Koks der Zeche Rheinpreußen in Kübelwagen zum Rheinhafen transportiert wurden. Der Blick geht Richtung Essenberg. Neben der „Mausefalle" in Rheinhausen war es ein weiteres Nadelöhr auf dieser Strecke.

Die „Mausefalle“, wie man die Eisenbahnunterführung am Krupp-Tor 1 früher nannte, sehen wir hier bei einem Schichtwechsel Anfang der 1950er-Jahre. Die Hüttenarbeiter strebten ihrem Arbeitsplatz zu. Diese Verkehrsverhältnisse waren nicht die besten und führten immer wieder zu lebensgefährlichen Begegnungen.

Hier ist die Verkehrssituation noch besser zu erkennen. Die Straßenbahn quälte sich um 1952 durch dieses Nadelöhr. Die Linie wurde in Teilabschnitten wieder aufgebaut. Am 15. Juli 1945 ging es vom Rheinhausen-Ostbahnhof wieder zum Bismarckplatz und am 26. September 1945 wieder bis Friemersheim-Bahnhof. Das Teilstück bis zur Endstation in Friemersheim kam erst am 20. Oktober 1947 wieder in Betrieb.

Ende der 1920er-Jahre entstand diese Aufnahme, die zwei Straßenbahnwagen auf der Kruppstraße am Bahnhof Rheinhausen-Ost zeigt, den wir rechts sehen. Ansonsten herrschte kaum Individualverkehr.

Wagen 5 der Straßenbahn-Gesellschaft Homberg biegt um 1913 von der Kaiserstraße in die Windmühlenstraße zum Bahnhof Rheinhausen ab. Die Aufnahme entstand zwischen Juli 1913, als die beiden Verlängerungen der Bahn bis zum Bahnhof umgesetzt wurden, und 1914, als sie über die Kaiserstraße, Friemersheim-Marktplatz, Wilhelmstraße zum Friedhof an der Dahlingstraße durchgelegt wurde.

Wagen 4 der Straßenbahn-Gesellschaft Homberg vor dem Bahnhof Rheinhausen, wo die Linie seit dem 12. Juli 1913 endete. Die Straßenbahn hatte ihre Einrichtung dem wirtschaftlichen Aufschwung durch die Ansiedlung der Krupp-Hüttenwerke zu verdanken, denn sie war insbesondere für Werksangestellte wichtig. Die Zahl der Fahrgäste stieg stetig.

Die Strecke nach Friemersheim war die letzte, die stillgelegt wurde. Wir sehen hier die Straßenbahn Rheinhausen–Homberg in Friemersheim auf der Kaiserstraße vor dem Hotel „Brendel" am 25. September 1954, dem letzten Tag ihres Betriebes. Man nahm Abschied von der „Krummen Linie" und einen Tag später fuhren hier bereits die Obusse.

# Zusammenschluss zur Duisburger Verkehrsgesellschaft

Im Rahmen der Aktion „Die Front grüßt die Heimat“ entstand 1940 dieses Foto eines Harkort-Wagens der Linie 6. Es war ein besonderes Jahr für den Nahverkehr in unserer Stadt, denn die Duisburger Straßenbahnen GmbH wurde am 1. Januar 1940 in eine Aktiengesellschaft umgewandelt, um die Aufnahme der anderen Verkehrsbetriebe zu ermöglichen. Bis heute trägt diese den Namen „Duisburger Verkehrsgesellschaft AG“. Als letzte Gesellschaft wurde die Kreis Ruhrorter Straßenbahn 1941 aufgenommen.

Ein Einsatzwagen der Linie 3 passiert im Jahr 1940 die Grünanlage Am Buchenbaum, während eine Militärkapelle ein Platzkonzert im Rahmen des Winterhilfswerks spielt. Im Hintergrund sieht man das Landgerichtsgebäude und den König-Heinrich-Platz. Der Marschmusik sollte nur wenige Monate später das infernalische Geheul der Luftschutzsirenen folgen.

Dieser vom „14. Revier Hamborn des Reichsluftschutzbundes“ um 1938 zu Propagandazwecken umgebaute Straßenbahnwagen trägt die Aufschrift: „Luftschutz tut Not!“

In die Wagenhalle III des Betriebshofes an der Mülheimer Straße blicken wir hier nach dem schweren Luftangriff auf Duisburg am 13. Mai 1943. Gespenstisch sehen die ausgebrannten Wagen aus. Die Bomben hatten schmerzliche Lücken im Stadtbild, aber auch im Wagenpark der Duisburger Verkehrsgesellschaft hinterlassen.

Der Betriebshof Grunewald nach dem Angriff vom 14./15. Oktober 1944, einem schwarzen Tag in der Stadtgeschichte. Infolge des Krieges wurden im Regel- und Schmalspurnetz 52 Trieb-, 61 Bei- und 30 Arbeitswagen total zerstört. Schwer beschädigt wurden 133 Trieb-, 78 Bei- und 20 Arbeitswagen. Die Betriebshöfe lagen ebenfalls in Trümmern oder waren stark beschädigt.

Ende März 1945 musste der gesamte Fahr- und Werkstättenbetrieb stillgelegt werden. Schwierig gestaltete sich der Wiederaufbau des Straßenbahnnetzes nach dem Krieg. Unmengen an Schuttmassen mussten beseitigt werden, nur langsam ging es wieder aufwärts. Um 1951 fährt ein Wagen der Linie 8 von der Königstraße kommend in den U-Bahnhof unter dem Vorplatz am Hauptbahnhof ein.

Nachdem Duisburg am 12. April 1945 befreit worden war, begannen bei der DVG die Arbeiten zum Wiederaufbau und zur Reparatur der Straßenbahn. Am 2. Mai 1945 konnte die Linie 14 von Dinslaken nach Meiderich wieder im Meterspurbetrieb fahren und am 24. Mai ging die erste normalspurige Linie, die Linie 8 vom Hauptbahnhof nach Hüttenheim, wieder in Betrieb. Hier ein Wagen der Linie 1 im Jahr 1951 auf der neuen Schwanenstraße.

◂ An der Mercatorstraße befand sich in Höhe der Günterstraße die Wendeschleife der Straßenbahnlinie 8 und der D-Bahn, hier um 1948. 27 Trieb- und 23 Beiwagen waren der kärgliche Rest, mit dem die DVG den Betrieb nach dem Krieg wieder aufnahm. Die Linie D konnte am 15. Mai 1945 zum ersten Mal wieder bis zum Graf-Adolf-Platz in Düsseldorf fahren.

Diese Aufnahme der alten Haltestelle König-Heinrich-Platz entstand um 1949. Damals herrschte wieder reger Betrieb auf der Königstraße. Das Kaufhaus Horten, auch „Haus der 100 Tage“ genannt, war am 1. Dezember 1948 eröffnet worden und die Duisburger strömten aus der gesamten Stadt mit der Straßenbahn in die Innenstadt.

Einen Wagen der Linie 4 sehen wir hier um 1960 auf der Königstraße/Ecke Düsseldorfer Straße auf seiner Fahrt zum Sportpark Wedau. Rechts ein „Daffodil“ genannter Pkw des Herstellers DAF aus Holland. Der Individualverkehr trat jedoch noch nicht in Konkurrenz zur Straßenbahn.

Ein umgebauter Uerdinger Stahlwagen mit Mittelteil wartet um 1958 als Linie 1 auf der Brücke über die Nord-Süd-Achse auf die Fahrt in Richtung Ruhrort. Ende 1956 verfügte die DVG wieder über 132 Trieb- und 142 Beiwagen. Somit konnte der Straßenbahnverkehr in Duisburg auf einen modernen Stand gebracht werden, was zu einer Steigerung der Fahrgastzahlen führte.

Im Zuge des Ausbaus der Nord-Süd-Achse wurde die Haltestelle im Tunnel, wie auch die Wendeschleife, 1955 aufgelassen. Am 9. Oktober 1955 wurde in der Mercatorstraße, auf der Westseite des Bahnhofsvorplatzes, eine neue dreigleisige Endhaltestelle in oberirdischer Lage in Betrieb genommen. Hier endeten fortan die Linie 8 und die D-Bahn, die nun von der Düsseldorfer Straße über die Friedrich-Wilhelm-Straße hierhin geleitet wurden.

1960 blicken wir in das behagliche Speisewagenabteil und die mit zahlreichen modernen Einrichtungen wie Kühlschränken, Heißwasserbereiter und Kochplatte versehene Speisewagenküche der D-Bahn zwischen Duisburg und Düsseldorf. Seit 1958 war Karl Ring Pächter der Gastronomie im Speisewagen der D-Bahn.

Ein Dreh- und Angelpunkt der Straßenbahn befand sich bis in die 1960er-Jahre am Marientorplatz. Der Uerdinger Stahlwagen fuhr auf der Linie 3 zum Grunewald. Die Hänger wurden nach und nach verschrottet. Im Hintergrund sehen wir links das alte Hallenbad an der Heerstraße und vorne rechts rauscht der erste Pkw mit Zentralverriegelung, eine BMW Isetta, vorbei.

Am 19. Mai 1967 fuhr die letzte Straßenbahn der Linie 3 durch den Sonnenwall, der zur Fußgängerzone umgebaut wurde. Danach ging es von der Haltestelle Kuhtor über die Steinsche Gasse zum Marientor. Am 31. Dezember 1975 stellte sie als eine der ältesten Straßenbahnlinien den Betrieb ganz ein. An der Kurbel stand Fahrer Otto Radzanowski und Schaffnerin Helga Nissmann gab die letzten „Fahrscheine“ aus der Cognacflasche aus.

Ein Problem gab es auf der Linie 1, hier am 14. Oktober 1950 auf der Ruhrorter Straße in Kaßlerfeld. Der Betrieb konnte zwar am 8. Juli 1946 vom Hauptbahnhof zum Schwanentor aufgenommen werden, doch ging es von dort bis zur Ruhrbrücke mit Bussen weiter. Erst nach Eröffnung der neuen Schwanentorbrücke am 18. November 1950 fand die Unterbrechung ihr Ende.

Der Abbruch der alten und das Hereinschieben der neuen Hafenkanalbrücke in die Straßenflucht zwang die Duisburger Verkehrsgesellschaft im Jahr 1958 vorübergehend zu einer Trennung des Straßenbahnverkehrs auf der Linie 1 (Duisburg–Ruhrort–Hamborn) in zwei Linienabschnitte und die Fahrgäste zum Umsteigen auf dem Karl-Lehr-Brückenzug.

Die Königstraße war früher eine vierspurige Hauptverkehrsstraße. 1965 hielt der Fotograf einen modernen Straßenbahnzug in Höhe des Sparkassen-Hochhauses im Bild fest.

Einen Wagen der guten alten Linie 3 sehen wir hier Anfang der 1960er-Jahre auf der Werthauser Straße in Hochfeld auf dem Weg zur Kupferhütte. Das „Haus der Konstrukteure“ der DEMAG ist gerade im Bau. Diese Straßenbahnlinie war seit ihrer Eröffnung ein wichtiges Verkehrsmittel, um die Mitarbeiter der an der Strecke liegenden Industriebetriebe zu ihrem Arbeitsplatz zu bringen.

Ein Meterspurwagen der Linie 12 passiert im August 1951 den Bahnübergang an der Straße Unter den Ulmen in Meiderich. Die Eisenbahn querte die Straße und Gleise der Bahn in Richtung Nordhafen. Die frühere Ringlinie 21 war in den 1950er-Jahren in zwei Äste aufgeteilt worden. Linie 11 fuhr zwischen Meiderich und Laar und Linie 12 von Meiderich nach Ruhrort.

◄ Auch auf der Duisburger Straße in Neumühl legte die Straßenbahn immer einen Zwangshalt ein. Der niveaugleiche Bahnübergang war eine große Behinderung für den Straßenbahnverkehr. Eine preußische G8 1 der Baureihe 56 fährt unter Dampf um 1958 vom alten Rheinischen Stahlwerk in Meiderich in Richtung Bahnhof Neumühl.

Ein „Hechtwagen" der früheren Hamborner Straßenbahn um 1963 auf der Kalthoffstraße in Neumühl. Herrlich die Werbung für den bekannten Kornbrand „Dornkaat aus Kornsaat". Viele Duisburger erinnern sich, dass die Gastwirte entlang der Strecke, die eine Haltestelle vor der Tür ihrer Wirtschaften hatten, für die Schaffner immer auf dem Fensterbrett einen „Kurzen" bereitgestellt hatten.

◄ Ein Regelspurwagen der Linie 1 mit „Bug Hannover" steht an der Haltestelle Matenastraße in Richtung Duisburg. Zwei Meterspurwagen der Linie 10 kommen links aus dem Matena-Tunnel und rechts aus der Eilperhofstraße. Die Aufnahme entstand um 1964, denn 1963 wurde das neue Thyssen-Verwaltungsgebäude erbaut und Linie 10 wurde 1965 eingestellt.

21 21
Milch die Quelle der Gesundheit
Milch die Quelle der Gesundheit
424
6

◂ Ein Wagen der Linie 10 fährt Anfang der 1960er-Jahre auf der Dieselstraße in Bruckhausen in Richtung Alsum. Im Hintergrund bestimmen die Thyssen-Hochofenbatterien das Bild und rechts überragt der Anfang der 1980er-Jahre abgerissene Hamborner Gasometer die alten Wohnhäuser. Die Linie wurde am 15. Juni 1965 auf dem Streckenabschnitt zwischen Thyssen-Tor 6 und dem Hamborner Rathaus eingestellt.

Die letzte Fahrt der Linie 10 im Februar 1962 auf der Schmalspurstrecke in der Matenastraße. Die Linie fuhr zwischen Alsum und Neumühl. Da Alsum kaum noch Bewohner hatte, wurde der Betrieb auf der Linie am 31. März 1965 zwischen Alsum und Thyssen-Tor 6 eingestellt. Der Triebwagen stammte von 1926. Am 30. April 1966 wurde diese letzte Duisburger Meterspurstrecke vollständig stillgelegt.

◂ „Sterkrade–Buschhausen" steht auf dem Fahrtrichtungsanzeiger. Der Wagen der Linie 21, ab 7. Dezember 1959 dann Linie 10, fährt durch die Kalthoffstraße. Diese Meterspur-TW2 wurden zum Teil später noch auf „Regelspur" umgebaut. Die alten Bahnen heulten in den Kurven, die Radreifen sangen ihr „Quietschelied" oder bimmelten wie wild, wenn Pkw und Fußgänger im Weg waren.

◂ Ein Stück Duisburger Geschichte zeigt diese Aufnahme. Um 1962 kommt die Straßenbahnlinie 10 vom Matena-Tunnel in Alsum an. Nicht nur die Straßenbahn wurde Mitte der 1960er-Jahre eingestellt – der gesamte Stadtteil verschwand aufgrund der sich stark verringernden Einwohnerzahl und extremer Bodensenkungen unter einer großen Abraumhalde, dem „Alsumer Berg".

Reges Treiben um 1956 an der Bahnhofstraße/Ecke Westender Straße in Meiderich. Links hält Wagen 159 der Straßenbahnlinie 9 Richtung Vierlinden und die Fahrgäste strömen in Richtung Meiderich-Bahnhof. Der Blick von der Bahnüberführung geht in die Bahnhofstraße. Das Haus ganz rechts wurde später zur Durchlegung der Westender Straße abgerissen. Im Hintergrund das querende Gleis der Linie 7 in die Friedrichstraße.

◂ Ein GT-4-Umbauwagen fährt um 1985 über die alte Aackerfährbrücke. Der Unterschied zum Foto in Kapitel 1, das kurz nach der Brückeneinweihung entstand, ist natürlich groß. Dieser Wagen der DVG wurde nach Amsterdam verkauft und diente lange Zeit als Partybahn, die in Kapitel 9 zu sehen ist. Die Brücke wurde im Sommer 1995 abgebrochen.

HANDELSGOLD
HANDELSGOLD

◂ Seit 1956 befand sich die Haltestelle Hauptbahnhof auf der Brücke über die Nord-Süd-Achse. Dieser Wagen der Linie 2, ein DÜWAG-GT 6 ohne Mittelteil, hat das typische „DÜWAG-Gesicht“. Als Anhänger diente ein Berliner Beiwagen. Dieser klassische Zug wurde später insbesondere auf der Linie 9 eingesetzt. Hinter der Straßenbahn steht der Ausstellungs- bzw. Verkaufspavillon von Ford Schneider. Ebenfalls ist das alte Zollamt zu sehen, das erst in diesem Jahr abgerissen wurde.

An der Endschleife der Linie 9 in Huckingen warten Fahrer und Kontrolleure auf die Fahrt Richtung Hamborn. Im Hintergrund das St.-Anna-Krankenhaus, das in diesem Jahr sein 100-jähriges Bestehen feiern kann. Hamborn war als Endstelle angegeben, weil die in verschiedenen Etappen umgesetzte Umspurung im Duisburger Norden noch nicht vollendet war.

◂ Der Blick vom Stellwerk der Bundesbahn auf Neudorf geht auf dem Anfang der 1960er-Jahre entstandenen Bild über die neu gestaltete Einmündung Neudorfer Straße/Mülheimer Straße bis zur Ludgerikirche. Man sieht mehrere Uerdinger Stahlwagen TW 2. In dem Eckhaus befand sich die Schwanen-Apotheke, vorne erkennt man den Goerdeler Park. Hier wurde in den 1970er-Jahren das Klöckner-Silberpalais erbaut.

Ein Wagen der Linie 8 wartet hier um 1950 in Höhe des Luftschutzbunkers in Wanheim auf die Weiterfahrt nach Alt-Wanheim. Von dieser Stelle aus wurde die Bahn am 20. Juni 1956 auf einen eigenen Gleiskörper verlegt.

Anlässlich der Duisburger Woche im Juli 1961 hatte man einen TW-2-Motorwagen aus den Gründerjahren zur „Jazz-Tram" umgebaut. Im Rahmen des 5. niederrheinischen Jazz-Wettbewerbs fuhr die Bahn mit wechselnden Jazzkapellen durch das Stadtgebiet.

◂ Einen Wagen der D-Bahn sehen wir hier auf dem Streckenabschnitt zwischen den Haltestellen Mühlenkamp und Sittardsberg in Huckingen. Die modernen Wagen brachten einen höheren Fahrtkomfort auf der langen Fahrt zwischen Düsseldorf und Duisburg.

Ein Motorwagen TW 2, der nach dem Ausscheiden aus dem Betriebsdienst zur Fahrgastbeförderung als Reparatur- und Werkstattwagen hergerichtet wurde, passiert um 1958 das Mercatorhaus an der Königstraße. Rechts die alten Verkaufsräume des Möbelhauses Kalderoni, Auftraggeber des 1961 fertiggestellten Kalderoni-Hochhauses an der Averdunkstraße.

Um 1965 geht der Blick vom „Gläsernen Hut“ in die Königstraße. Ein Wagen der Linie 1, ein GT4-Umbauwagen mit DÜWAG-Anhänger, ist auf dem Weg nach Mülheim zu sehen. Die Königstraße sieht man noch in ihrem alten Zustand als Hauptverkehrsstraße. Gut sind auch die alten Fahrzeuge zu erkennen, wie der Ford 12M, der Renault „Cremeschnittchen“ und der Hanomag L28. ▸

König-Pilsener
ONKO KAFFEE
ONKO KAFFEE

Endstelle der Linie 2 am Hochfeld-Bahnhof, um 1958. Der Triebwagen 441, ein Zweiachser-Aufbauzug und früherer Schmalspurwagen, steht im Wendedreieck zur Abfahrt nach Mülheim bereit. Im Hintergrund sehen wir das alte Bahnhofsgebäude.

Auf dem Sternbuschweg in Neudorf sehen wir hier die Linie 4 auf ihrem Weg in Richtung Hüttenheim. Nachdem die Linienführungen Anfang der 1970er-Jahre geändert wurden, fuhr die frühere Linie 8 vom Grunewald aus über Neudorf und die Stadtmitte zum Friedrichsplatz in Ruhrort.

◂ Die Linie 4 auf dem Weg zum Sportpark in Wedau sehen wir hier Mitte der 1960er-Jahre auf der Königstraße. Dahinter ist das Landgericht zu erkennen. Die alten Wagen hatten ihr eigenes Flair und viele Duisburger erinnern sich auch heute noch an die holprigen Fahrten mit diesen alten Tramwagen.

Wagen 1062 fährt hier am 27. Juni 1992 als Einsatzwagen von Meiderich nach Laar. Auch heute ist er noch im schwedischen Norrköping als Wagen Nr. 62 unterwegs. Er wurde modernisiert und erhielt ein Niederflur-Mittelteil. Im Hintergrund sieht man bereits die Leitstelle der U-Bahn, deren Eröffnung kurz bevorstand.

Ein Wagen des Typs „Mannheimer" 1992 auf der Königstraße in Höhe des Bettenhauses „Käthe Mandel". Man erkennt die Zwischenlösung der Straßenbahnführung auf der Königstraße zwischen der Fertigstellung und Inbetriebnahme der U-Bahn. Die Liniennummern waren seit Gründung des Verkehrsverbundes Rhein-Ruhr am 1. Januar 1980 dreistellig.

# Stadtbahn Rhein-Ruhr – der Weg zur U-Bahn

Als „Utopisten von der Hedwigstraße“ bezeichneten Spötter die Planungsgruppe der Stadtbahn, die für das Stadtgebiet von Duisburg ein kreuzungsfreies Nahverkehrssystem in Hoch- und Tieflage auf einem eigenen Bahnkörper planten. Die Baumaßnahmen hierzu begannen im Jahr 1969. Ein Ziel war es, den Süden der Stadt über Wanheimerort und Hochfeld mit der Innenstadt zu verbinden. Hier sehen wir den Bau der Hochstrecke im Huckinger Angerbogen, um 1971.

Das Konzept der Stadtbahn Rhein-Ruhr wurde in den 1960er-Jahren durch Förderprogramme von Bund und Land umgesetzt. Am 3. März 1969 wurde der erste Rammstoß am Sittardsberg in Buchholz abgeschickt. Am 16. Dezember 1970 konnte die Haltestelle Sittardsberg in Betrieb genommen werden.

Bereits 1967 hatte die Duisburger Verkehrsgesellschaft AG mit den Planungen zum Umbau ihres Straßenbahnnetzes zur Stadtbahn begonnen. Die Strecken in Richtung Düsseldorf und Mülheim und eine Anbindung nach Moers als Stadtbahn sollten ausgebaut werden, in der Innenstadt sollten sie in einem Tunnel verschwinden und wie hier am Sittardsberg auf separate Bahnkörper verlegt werden.

Am 15. Juli 1969 wurde an der Ecke Düsseldorfer und Wedauer Straße der Grundstein für diesen Stadtbahnabschnitt gelegt. Mitte Mai 1972 wurde die Gesellschaft nach Beitritt der Stadt Düsseldorf in „Stadtbahngesellschaft Rhein-Ruhr" umbenannt. Hier sehen wir den Bau des Bahnhofs Neuer Friedhof im Januar 1970.

Der Stadtbahn-Hochbahnhof im Huckinger Angerbogen im August 1973. Die Firma Mannesmann in Huckingen wollte 20.000 Menschen in einer Trabantenstadt ansiedeln, doch kam es nie zum Bau der Hochhaussiedlung. Bis heute befindet sich hier der umgerechnet 10,5 Millionen Euro teure Geisterbahnhof.

Am 17. April 1970 bat der Bürgerverein in Wanheimerort den NRW-Verkehrsminister um Bauunterbrechung, da die geplante Hochlage durch den Ort Belästigungen durch Staub und Geräusche erwarten ließen. Bis Ende 1972 wurde daher eine provisorische Stahlrampe hinter dem Neuen Friedhof errichtet.

Der Rat der Stadt hatte sich 1974 nach dem zügigen Ausbau der Südstrecke für den U-Bahn-Bau in die Innenstadt ausgesprochen, wofür der Stadt Ende November 1974 die Genehmigung zuging. Im Jahr 1975 wurde die Stadtbahnbetriebsführungsgesellschaft Rhein mbH mit Sitz in Düsseldorf-Kaiserswerth gegründet. Die Bauarbeiten am Innenstadttunnel begannen 1975.

Der Beginn der Bauarbeiten wurde feierlich begangen. Duisburgs Bürgermeister und späterer Bundestagsabgeordneter Helmut Wieczorek, den man hier in der Mitte erkennt, hatte die Tunnellage nach Meiderich als Erster propagiert. Er begrüßte das Stadtbahnprojekt natürlich ganz besonders.

Die Königstraße während des U-Bahn-Baus, um 1976. Erst 1983, acht Jahre nach Baubeginn, waren wesentliche Teile der unterirdischen Abschnitte im Rohbau fertiggestellt. Man rechnete mit einer Inbetriebnahme 1987, aber erst am 11. Juli 1992 konnte die unterirdische Strecke unter der Innenstadt eröffnet werden.

ANDRE
HIER BAUT

HIER BAUT
DIE DUISBURGER VERKEHRSGES. AG /
DIE SBG-RHEIN MBH
MIT HILFE DER BUNDESREPUBLIK DEUTSCHLAND
UND DES LANDES NORDRHEIN - WESTFALEN
DIE STADTBAHN RHEIN-RUHR
BETRIEBSWERKSTATT GRUNEWALD
PLANUNG UND ENTWURF
ARGE STADTBAHNBETRIEBSWERKSTATT DUISBURG GRUNEWALD
INGENIEURBÜRO SCHLEGEL · DR.ING. SPIEKERMANN GMBH & CO · STADTBAHNGES. RHEIN-RUHR
DUISBURGER VERKEHRSGESELLSCHAFT AG
ROHBAUARBEITEN:
JOHANN LEIWEN GMBH & CO. KG DUISBURG

◂ Ein DÜWAG-GT 8 passiert um 1980 die U-Bahn-Baustelle auf der Königstraße zwischen Sonnenwall und Düsseldorfer Straße. Ziel aller Maßnahmen im Rahmen des U-Bahn-Baus war die Gestaltung einer Fußgängerzone vom Hauptbahnhof zum Kuhtor ohne Unterbrechung durch fließenden Verkehr, eine auf das expandierende Oberzentrum Duisburg zugeschnittene Planung.

Mitarbeiter, Politik und Ehrengäste, darunter Wolfgang Linke, Oberbürgermeister Krings und DVG-Direktor Dr. Günter Erbe, am Tag des Baubeginns. Erfreut war der Betriebsratsvorsitzende Walter Heine, denn ein dreißigjähriges Provisorium fand durch den Neubau sein Ende. Am 1. Januar 1980 war bereits der Verkehrsverbund Rhein-Ruhr ins Leben gerufen worden, man hatte die ersten 18 Stadtbahnwagen vom Typ B 80 bestellt.

◂ Die Innenstadt als Großbaustelle war für die Duisburger zur Gewohnheit geworden, viele blickten durch die Zäune in die 26 Meter tiefe, offene Baugrube. Doch brauchte die Stadtbahn auch eine funktionstüchtige Werkstatt. Grünes Licht für die Bauarbeiten an der Betriebswerkstatt Grunewald der Stadtbahn gab daher Oberbürgermeister Josef Krings am 3. Oktober 1980.

Am 7. Juli 1992 stand die U-Bahn-Eröffnung an der Haltestelle König-Heinrich-Platz kurz bevor. Der abgebildete Straßenbahnwagen ging nach Dessau und wurde dort Wagen 003. Er behielt die schöne Lackierung, die auf „Stadtwerke Dessau" geändert wurde. Am 11. Juli 1992 wurde der Innenstadttunnel mit den fünf U-Bahnhöfen Steinsche Gasse, König-Heinrich-Platz, Duisburg-Hbf, Duissern und Rathaus eröffnet. 2000 wurde die Stadtbahn bis Meiderich verlängert.

Futuristisch sah die 1996 von der Firma Adtranz an die DVG ausgelieferte Variobahn mit der Nummer 2000 aus. Der Niederflur Gelenktriebwagen sollte den Schritt in das neue Jahrtausend markieren, doch wurde nur dieser Prototyp angeschafft, der sein Dasein im Betriebshof Grunewald fristet.

# Auch das ist Duisburger Straßenbahngeschichte

Großzügig angelegt wurde im Jahr 1956 der „Gläserne Hut“, der eigentlich eine Wartehalle für Fahrgäste und -personal der durch den Bau der Nord-Süd-Achse hierhin verlegten Endstelle der Straßenbahnlinien 8 und D war. Wegen der kleinen Geschäfte und der Kneipe im hutähnlichen Gebäude wurde er über Duisburgs Grenzen hinaus bekannt. Ein Harkort-Wagen verlässt gerade die Endstelle und sowohl der Anderthalbdecker als auch der DÜWAG-Gelenkbus zeugen von längst vergangener DVG-Geschichte.

Beliebt war der „Gläserne Hut“ bei den meisten Duisburgern. Auf Wunsch von DVG-Direktor Dipl.-Ing. Ludwig Fehlemann hatte ihn Architekt Karlheinz Schauenburg in diesem Design entworfen. Er prägte das Stadtbild ab 1956 für 25 Jahre, da der Rat der Stadt seinen Bestand nur für diesen Zeitraum genehmigt hatte. Viele Duisburger wünschen sich den Hut an dieser Stelle zurück. Wir blicken hier in die „gute Stube“ der DVG, der „Krempe“ im „Gläsernen Hut“.

Bereits 1913 war für die Düsseldorf-Duisburger Kleinbahn am Grunewald ein weiteres Depot mit einem Unterwerk zur Stromversorgung errichtet worden. Im Zuge des Ausbaus zur Schnellbahn wurde der hier um 1928 im Rohbau befindliche Betriebshof großzügig um- und ausgebaut.

Noch einmal ein Blick in den Betriebshof, um 1928. Man musste sich den Anforderungen des sich immer weiterentwickelnden Straßenbahnbetriebes anpassen und so wurden neue Wagenhallen und Werkstätten errichtet. Während der Umbauphase waren die Bahnen im Betriebshof an der Mülheimer Straße untergebracht.

Den Ohrwurm „Liebe kleine Schaffnerin“ sangen Franz Schier und Maria Roland 1942, und auch in Duisburg musste man – dem Kriegsgeschehen geschuldet – oft auf weibliches Personal zurückgreifen, da viele Männer ihren Dienst an der Front leisten mussten.

So ging es um 1940 in einem Wagen der Linie 9 nach Huckingen zu. „Noch jemand zugestiegen? Die Fahrkarten bitte!“, schallte es durch die Bahn und jeder Fahrgast entrichtete seinen Obolus, um einen Fahrschein zu erwerben, oder um noch einmal den „Ohrwurm“ zu bemühen: „Einsteigen, bitte einsteigen bitte“, ruft die Schaffnerin, „bleiben sie bitte nicht in der Mitte, gehen sie doch vor!“

Sogar ein eigenes Tambourcorps gab es um 1937 bei der DVG. Es war insbesondere bei Kameradschaftsabenden des Unternehmens, die in dem nahe am Betriebshof liegenden „Parkhaus Grunewald" stattfanden, oder bei den großen Aufmärschen im „Dritten Reich" gefragt. Dazu zählte auch der „Tag der Arbeit", an dem zur Kundgebung ins Wedau-Stadion marschiert wurde.

Mit einem großen Hallo fuhr der Sprengwagen der Duisburger Straßenbahnen GmbH in den Sommermonaten durch die Straßen der Stadt. Die Kinder hatten riesigen Spaß und liefen begeistert neben dem Wagen her, um sich zu erfrischen.

Die französische Besatzung beeinflusste 1923 den Betrieb der Straßenbahn in Duisburg. An 134 Tagen war dieser durch Eingriffe der Soldaten erheblich gestört. Hinzu kamen die Auswirkungen der Inflation. So kostete ein Fahrschein im November des Inflationsjahres 320 Milliarden Papiermark. Erst 1924 kehrte eine gewisse Normalität ein.

Der Fortschritt nahm um 1915 bei der Stromabnahme der Straßenbahnen seinen Lauf und man setzte auf Scherenstromabnehmer anstelle der alten Rollenstromabnehmer. Diese wurden nach und nach ausgetauscht und erleichterten die Stromabnahme der Bahnen, da sie nicht von der Oberleitung abfallen konnten, was immer zu einer „Zwangspause" führte.

◂ Die Nationalsozialisten hatten früh die Straßenbahn für Propagandazwecke entdeckt, so sehen wir hier NS-Propaganda und Wahlwerbung auf einem Wagen der Duisburger Straßenbahnen GmbH im Betriebshof an der Mülheimer Straße anlässlich der Reichstagswahl am 29. März 1936.

Nr.
Hier Nummer d. Lichtbildes m. Tinte eintragen, sonst ungültig.
Monatskarte
D 19506
4 Teilstrecken
Gültig von
Hindb. Platz
über
bis
Ruhrort
für den Monat
Jan. 1943
·Preis RM 14.00
Gemäß Beförderungsbeding. d.
Duisburger Verkehrsgesellschaft A.-G.
Abt. Süd (Regelspurnetz)
Rückseite beachten! Ungültig auf Fern- und Autobuslinien!

Diese Monatskarte wurde im Januar 1943 für die Strecke vom Hindenburgplatz in Duissern nach Ruhrort ausgestellt. Auf dieser ist der „Zwangsumstieg" in Ruhrort vom Regelspurnetz auf die Meterspur zu erkennen.

Nach dem Krieg herrschte Kleingeldmangel und die DVG gab Notgeldmünzen heraus. Sie waren vom 26. August 1947 bis 30. April 1948 in Umlauf. Doch dienten sie nicht nur dem Zweck, einen Fahrschein zu erwerben, sondern wurden auch zur Bezahlung im normalen Handelsverkehr benutzt, denn der Bäckermeister oder Friseur musste ja auch mit der Straßenbahn fahren.

# Duisburger Straßenbahnen auf fremden Gleisen

Zum Abtransport bereit steht hier ein DÜWAG-GT 8, der wie viele andere Wagen nach dem U-Bahn-Bau ausgemustert wurde. Diese fahren mittlerweile auf zahlreichen fremden Gleisen in Deutschland und Europa. Bevor sie nach Dessau, Amsterdam, Graz oder Norrköping in Schweden gingen, waren die Mittelteile für die Verlängerung der Essener Straßenbahnen ausgebaut worden.

15 gebrauchte, achtachsige Gelenktriebwagen vom „Typ Mannheimer“ aus den Baujahren 1971 bis 1974, die früher in Duisburg fuhren, kaufte die Straßenbahn Graz zu Beginn der 1990er-Jahre zu. Das Foto zeigt einen Wagen auf dem Jacominiplatz in der Hauptstadt der Steiermark. Die Fahrzeuge wurden modernisiert und erhielten u.a. einen Einholm-Stromabnehmer und Doppelblinker.

Noch einmal ein alter Duisburger Wagen auf der Drottninggatan in Norrköping bei einer Fahrt um 1995 auf der Brücke über den Motalaström in Richtung Südstadt. Im Hintergrund ist das Hotel „Strand“ an der Hamngatan zu erkennen.

Ins südwestlich von Stockholm gelegene Norrköping wurden mehrere 1966/67 erbaute Triebwagen ausgeliefert. Hier sehen wir einen umgebauten Wagen auf der Linie 3 von Klockaretorpet im Südwesten kommend auf dem Weg nach Vidablick in den Norden der Stadt. Die Straßenbahn „Spårvägar Norrköping“ gehört zur „Östgöta Trafiken“.

◂ 1992 erhielt der Betrieb der Straßenbahn Dessau 14 gebrauchte DUEWAG-Achtachser der Duisburger Verkehrsgesellschaft, die nach dem Bau der U-Bahn nicht mehr benötigt wurden. Vor dem Dessauer Hauptbahnhof fährt hier ein ehemaliger Duisburger Straßenbahnwagen in Richtung Dessau-Süd.

Der frühere Wagen 1208 der DVG, ein GT-4-Umbauwagen, fuhr ab 1988 noch viele Jahre als Partybahn durch Amsterdam. Am 5. Mai 1991 sehen wir ihn in „voller Fahrt“ auf einer Neubaustrecke in der Stadt. 2002 fand der Wagen seine Endhaltestelle in Hoogwoud zwischen Alkmaar und IJsselmeer. Noch heute kann man im „Controversy Tram Inn“ in ihm übernachten.

◂ Vor dem Postamt in Dessau biegt eine alte Duisburger Straßenbahn um 1994 von der Friedrichstraße in die Kavalierstraße ab. Die anderthalb Richtungswagen erhielten in Dessau die Wagennummern 001 bis 014 und die alten Gotha- und Rekowagen wurden ausgemustert. Die Duisburger Wagen wurden später vollständig oder teilweise modernisiert.

# Buchhinweise

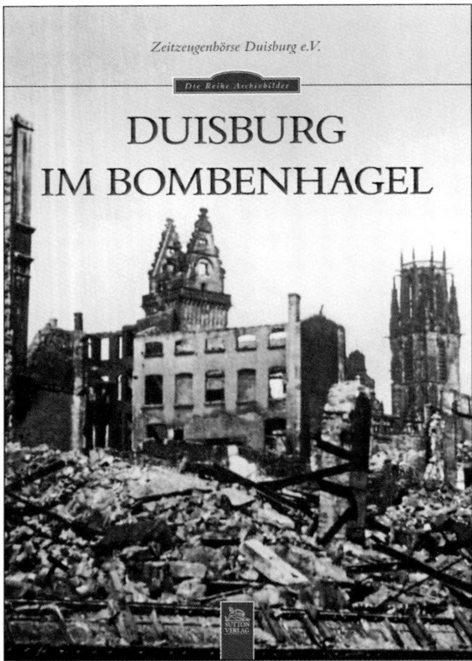


**Duisburg im Bombenhagel**

*Zeitzeugenbörse Duisburg e.V.*

ISBN: 978-3-95400-107-1
18,95 € [D]

**Duisburg-Duissern**

*Zeitzeugenbörse Duisburg. e.V.*

ISBN: 978-3-95400-069-2
18,95 € [D]